全国中医药行业高等教育"十四五"规划教材
全国高等中医药院校规划教材（第十一版）配套用书

细胞生物学实验

（新世纪第四版）

（供中医学、中西医临床医学、中药学、临床医学、
预防医学、医学技术、口腔医学、药学等专业用）

主　编　赵宗江（北京中医药大学）
　　　　高碧珍（福建中医药大学）

中国中医药出版社
·北　京·

图书在版编目（CIP）数据

细胞生物学实验 / 赵宗江，高碧珍主编 . — 4 版 . —
北京：中国中医药出版社，2022.8
全国中医药行业高等教育"十四五"规划教材配套用书
ISBN 978-7-5132-7656-6

Ⅰ.①细⋯　Ⅱ.①赵⋯②高⋯　Ⅲ.①细胞生物学 –
实验 – 中医学院 – 教材　Ⅳ.①Q2-33

中国版本图书馆 CIP 数据核字（2022）第 100749 号

中国中医药出版社出版

北京经济技术开发区科创十三街 31 号院二区 8 号楼
邮政编码　100176
传真　010-64405721
三河市同力彩印有限公司印刷
各地新华书店经销

开本 787×1092　1/16　印张 6　字数 148 千字
2022 年 8 月第 4 版　2022 年 8 月第 1 次印刷
书号　ISBN 978-7-5132-7656-6

定价　28.00元
网址　www.cptcm.com

服 务 热 线　010-64405510　　微信服务号　zgzyycbs
购 书 热 线　010-89535836　　微商城网址　https://kdt.im/LIdUGr
维 权 打 假　010-64405753　　天猫旗舰店网址　https://zgzyycbs.tmall.com

如有印装质量问题请与本社出版部联系（010-64405510）
版权专有　侵权必究

全国中医药行业高等教育"十四五"规划教材
全国高等中医药院校规划教材（第十一版）配套用书

《细胞生物学实验》编委会

主　　编　赵宗江（北京中医药大学）
　　　　　高碧珍（福建中医药大学）
副 主 编　许　勇（成都中医药大学）
　　　　　王　淳（辽宁中医药大学）
　　　　　王志宏（长春中医药大学）
　　　　　张小莉（河南中医药大学）
　　　　　窦晓兵（浙江中医药大学）
　　　　　李　军（陕西中医药大学）
编　　委　（以姓氏笔画为序）
　　　　　王艳杰（黑龙江中医药大学）
　　　　　王晓玲（天津中医药大学）
　　　　　王睿睿（云南中医药大学）
　　　　　田　原（山东中医药大学）
　　　　　成细华（湖南中医药大学）
　　　　　孙　媛（大连医科大学）
　　　　　杨向竹（北京中医药大学）
　　　　　何建新（甘肃中医药大学）
　　　　　宋　强（山西中医药大学）
　　　　　宋小青（河北北方学院）
　　　　　张　韧（广州中医药大学）
　　　　　张　凯（安徽中医药大学）
　　　　　张国红（河北中医学院）
　　　　　陈向云（贵州中医药大学）
　　　　　林　晴（福建中医药大学）
　　　　　赵丕文（北京中医药大学）
　　　　　胡秀华（北京中医药大学）
　　　　　徐云丹（湖北中医药大学）
　　　　　黄佩蓓（江西中医药大学）

黄愉淋（广西中医药大学）
詹秀琴（南京中医药大学）
霍春月（首都医科大学）

前　言

　　本实验教材是为全国中医药行业高等教育"十四五"规划教材——《细胞生物学》教学编写的配套教材，供中医学、中西医临床医学、中药学、临床医学、预防医学、医学技术、口腔医学、药学等专业使用。细胞生物学实验课的教学目的，是通过基本技能训练及观察分析实验结果，使学生了解并掌握有关的实验技术原理及实验操作方法，进而培养学生动手实践、观察分析与解决问题的能力。为此，每一实验内容自成体系，以加强学生的基本技能训练，以及观察分析和科学思维能力的培养。各实验均在教师指导下由学生自己动手取材、实验，使学生能对细胞获得形象和生动的认识。

　　本实验教材的编写分工如下：实验一由许勇、张韧编写；实验二由许勇、张凯编写；实验三由张小莉、霍春月编写；实验四由宋强、赵丕文编写；实验五由黄佩蓓、胡秀华、孙媛编写；实验六由王淳、黄愉淋编写；实验七由王淳、李军编写；实验八由王志宏、高碧珍、胡秀华编写；实验九由赵丕文、陈向云编写；实验十由高碧珍、徐云丹编写；实验十一由徐云丹、赵宗江编写；实验十二由赵宗江、胡秀华编写；实验十三由赵宗江、王志宏、胡秀华编写；实验十四由赵宗江、王淳、林晴编写；实验十五由张国红、成细华编写；实验十六由杨向竹、许勇编写；实验十七由何建新、杨向竹编写；实验十八由王睿睿、杨向竹编写；实验十九由赵丕文、田原编写；实验二十由赵宗江、詹秀琴编写；实验二十一由王艳杰、宋小青编写；实验二十二由窦晓兵、赵宗江编写；实验二十三由徐云丹、赵宗江编写；实验二十四由王晓玲、赵宗江、许勇编写。

　　本实验教材选编了一些细胞生物学的基本实验，如细胞的显微测量、细胞活力测定、细胞计数、细胞组分分级分离、细胞组分的化学反应、细胞生理活动、细胞染色体技术、细胞培养、细胞融合、免疫荧光技术、电镜技术等，为医学课题研究打下坚实的基础。本实验教材共 24 个实验，五年制本科、七年制医学专业和研究生教学根据具体情况选择基本实验。

由于编写时间仓促，书中难免有不尽完善之处，如有错漏，希望广大读者提出宝贵意见，以便在重印再版时不断修正与提高。

赵宗江

北京中医药大学

2022 年 4 月

目 录

实验一 ▷▷▷▷
....

动物细胞的基本形态观察和显微测量

一、实验目的

掌握在光学显微镜下细胞的基本结构；学习临时制片的操作方法；学会使用显微测微尺测量细胞。

二、实验用品

1. 材料和标本

活蟾蜍 1 只、人血涂片 1 张、蟾蜍脊髓横切片 1 张、家兔骨骼肌纵切片 1 张。

2. 器材和仪器

光学显微镜 1 台、目镜测微尺一个、镜台测微尺 1 个、载玻片 5 张、盖玻片 2 张、手术器材 1 套、解剖盘 1 个、小平皿 1 个、吸管 1 个、擦镜纸、吸水纸、牙签。

3. 试剂

1%甲苯胺蓝、林格液（Ringer 液）（两栖类用）。

三、实验内容

（一）细胞的基本形态观察

1. 原理

细胞的形态结构与功能相关是很多细胞的共同特点，在分化程度较高的细胞中更为明显。这是生物漫长进化过程的产物，从进化观点看有一定合理性。例如：具有收缩功能的肌细胞伸展为细长形；具有感受刺激和传导冲动功能的神经细胞有长短不一的树状突起；游离的血细胞为圆形、椭圆形或圆饼形。不论细胞的形状如何，光学显微镜下细胞的结构一般分为三大部分，即细胞膜、细胞质和细胞核。但也有例外，如哺乳动物成熟的红细胞没有细胞核。

2. 观察方法与结果

（1）人口腔黏膜上皮细胞标本的制备与观察：取清洁牙签，用钝端在自己口腔内腮面轻刮少许黏液，并弃掉。换支牙签，在原位稍用力刮取上皮细胞，均匀涂在一张干净的载玻片中央（不可反复涂抹），滴 1 滴甲苯胺蓝染液，染色 5min，盖上盖玻片，吸去多余染液。先在低倍镜下观察，可见视野中有许多单个或成堆的被染成蓝色的细胞，即人口腔黏膜上皮细胞。细胞呈多边形或椭圆形，细胞中央有一染成深蓝色的细胞核，核周围均质部分为细胞质，细胞外表有细胞膜（图 1-1）。

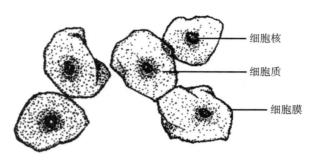

图 1-1　人口腔黏膜上皮细胞

（2）蟾蜍血涂片的制备与观察：取一滴蟾蜍血液，靠近一端滴在载玻片上，将另一载玻片的一端呈 45°角紧贴在血滴的前缘，均匀用力向前推，使血液在载玻片上形成均匀的薄层（图 1-2）。晾干。将制备好的蟾蜍血涂片在低倍镜下选择涂布均匀的血细胞，换高倍镜观察。蟾蜍的红细胞呈椭圆形，有核，细胞膜不显著。白细胞数目少，为圆形。此外，还看到各种形态不同的血小板（图 1-3）。

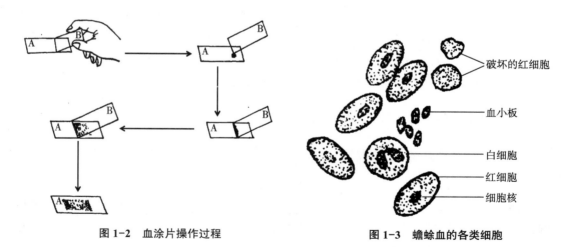

图 1-2　血涂片操作过程　　　　　　图 1-3　蟾蜍血的各类细胞

（3）人血细胞的观察：取人血涂片 1 张，在显微镜下观察，可见人红细胞为凹圆盘形，无核。白细胞数目少，为圆形。

（4）制备蟾蜍脊髓压片观察脊髓前角运动神经细胞：取一只蟾蜍，左手握住其股部，腹部贴着掌心，食指压住蟾蜍头部前端使其尽量屈腹。在头和躯干之间可摸到一凹陷处（枕骨大孔），用解剖针从枕骨大孔向内刺入 1 ～ 2mm（注意不要太深），随即将针尖向前搅碎脑组织，然后再转向后深入椎孔内，搅碎脊髓，待看到蟾蜍后肢强直肌肉松弛时为止。在口裂处剪去头部，除去延脑，剪开椎管，可见乳白色脊髓，取下脊髓放在平皿内，用 Ringer 液洗去血液后放在载玻片上，剪碎。将另一载玻片压在脊髓碎块上，用力挤压。将上面的载玻片取下即可得到压片。在压片上滴一滴甲苯胺蓝染液，染色 10min，盖上盖玻片，吸去多余染液。在显微镜下观察，染色较深的小细胞是神经胶质细胞。染成蓝紫色的、大的、有多个突起的细胞是脊髓前角运动神经细胞，胞体呈三角形或星形，中央有一圆形细胞核，内有一个核仁（图 1-4）。

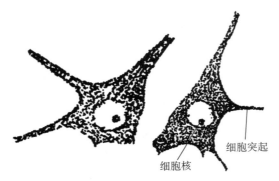

细胞核　细胞突起

图 1-4　蟾蜍脊髓神经细胞

（5）骨骼肌细胞的观察：取家兔骨骼肌纵切片，置于低倍镜下观察，可见细胞呈圆柱形，其内有许多细胞核（图 1-5）。

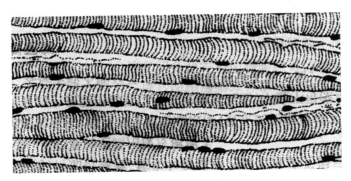

图 1-5　家兔骨骼肌纵切片

（二）显微测微尺的使用

1. 原理

显微测微尺由目镜测微尺和镜台测微尺组成，两尺配合使用。目镜测微尺，简称目微尺，是一块圆形的玻璃片，直径 20 ～ 21mm。它的上面刻有直线或网格式的标尺。其中网格式的目微尺可用来测量物体的体积。使用目微尺时，先将目镜从镜筒中抽出，旋去接目透镜，然后将目微尺放在目镜的光阑上。注意让有刻度的一面朝下，再将接目透镜旋上，把目镜插入镜筒，即可进行测量。

镜台测微尺，简称台微尺，是一块特制的载玻片。它的中央封着一把刻度标尺，全长 1mm，共划分成 10 个大格，每一个大格又分成 10 个小格，共 100 个小格，每一小格长 0.01mm，即 10μm。在标尺的外围有一小黑环，利于找到标尺的位置。要测量标本的长度，首先必须对目微尺在不同放大倍数的物镜下进行标定。

2. 方法

（1）将台微尺夹于载物台上，调焦直至看到台微尺刻度。这时目微尺和台微尺同时显示在视野中，转动目镜，使目微尺标尺直线与台微尺标尺直线尽量靠近平行，最终促使两线重合，再移动台微尺，使两个微尺左边一端平齐，然后从左到右找出两个微尺另一次重合的直线（图 1-6），分别计数重合线之间台微尺和目微尺各自包含的格数，据公式即可计算出目微尺每个小格的标度。

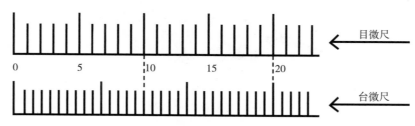

图 1-6　显微测微尺标定示意图

（2）按下式求出目镜测微尺每格代表的长度。

$$目微尺每个小格标示的长度（μm）= \frac{台微尺格数}{目微尺格数} ×10$$

这样，就可进行测定。测定时，取下台微尺，换上标本，记录被检标本占目微尺的格数，然后乘以每小格代表的长度，即为标本的实际长度。如果更换不同放大率的镜头，必须重新标定目微尺，这样才能再次测量。

根据测量结果可计算各种细胞、细胞核的体积及核质比例，公式如下：

1）椭圆形：计算式为 $V = 4/3 \pi ab^2$（a、b 为长、短半径）。

2）圆球形：计算式为 $V = 4/3 \pi R^3$（R 为半径）。

3）核质比例：计算式为 $Np = Vn/（Vc-Vn）$（Vc 为细胞的体积，Vn 为细胞核的体积）。

（三）测量人口腔黏膜上皮细胞

从显微镜载物台上取下镜台测微尺，换上人口腔黏膜上皮细胞标本，测量细胞、细胞核的长短径。

实验二 ▷▷▷
::::::::::::

线粒体的活体染色及电镜照片观察

一、实验目的

掌握一种活体染色方法，了解光学显微镜和电子显微镜下线粒体基本形态与结构。

二、实验用品

1. 材料和标本

家兔 1 只、兔肝细胞光镜切片（詹纳斯绿 B 染色）、线粒体的电镜照片。

2. 器材和仪器

普通光学显微镜、手术器材一套、解剖盘、小平皿、载玻片、盖玻片、吸水纸、10mL 注射器、吸管、牙签。

3. 试剂

1/300 詹纳斯绿 B 染液、Ringer 液（哺乳类用）。

三、实验内容

（一）线粒体的活体染色

1. 原理

线粒体是真核细胞内一种重要的细胞器，是细胞进行呼吸作用的场所。细胞各项活动所需要的能量，主要通过线粒体呼吸作用来提供。活体染色是应用无毒或毒性较小的染色剂真实地显示活细胞内某些结构而又很少影响细胞生命活动的一种染色方法。詹纳斯绿 B（Janus green B）是线粒体的专一性活体染色剂，具有脂溶性，能跨过细胞膜，解离后，有染色能力的基团带正电，结合在带负电的线粒体内膜上。内膜的细胞色素氧化酶使染料保持氧化状态，呈现蓝绿色，而在周围的胞质内，染料被还原成无色。

线粒体浸没在染液中能维持活性数小时，使我们能够直接看到生活状态线粒体的外形、分布及运动。

2. 方法与结果

（1）**家兔肝细胞线粒体的活体染色**：用空气栓塞法处死家兔，将其置于解剖盘内，迅速打开腹腔，取兔肝边缘较薄的肝组织一小块（2～3mm³），放入盛有 Ringer 液的平皿内洗去血液（用镊子轻压），用吸管吸去 Ringer 液，在平皿内加 1/300 詹纳斯绿 B 染液，让组织块上表面露在染液外面，使细胞内线粒体的酶系可进行充分氧化，这样才有利于保持染料的氧化状态，使线粒体着色。当组织块边缘染成蓝色时即可，一般需要染30min。

染色后，将组织块移到载玻片上，用镊子将组织块拉碎，就会有一些细胞或细胞群从组织块脱离。将稍大的组织块去掉，使游离的细胞或细胞群留在载玻片上，加 1 滴 Ringer 液，盖上盖玻片，吸去多余水分。显微镜观察，肝细胞质中许多线粒体被染成蓝绿色，呈颗粒状（图 2-1）。

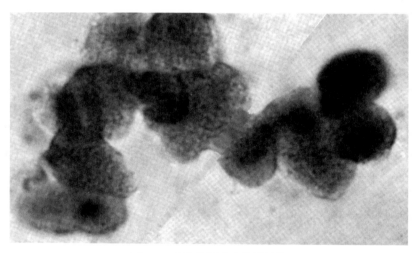

图 2-1　家兔肝细胞中的线粒体

（2）**人口腔黏膜上皮细胞线粒体的活体染色**：用牙签刮取口腔黏膜上皮细胞涂于清洁的载玻片上，滴加詹纳斯绿 B 染液，在室温下染色 15min，覆以盖玻片，盖破片下两侧可放头发丝支撑，使不压迫细胞并蓄纳较多染液，如果观察时间较长，可适当添注染液。

用 40× 物镜观察即可见到蓝绿色的线粒体，细胞质接近无色。注意该染液有轻微毒性，若染色过久，线粒体可能发生溃变，出现空泡。

（二）线粒体的光镜切片观察

用詹纳斯绿 B 染色的兔肝细胞光镜切片，肝细胞中的线粒体呈蓝绿色的颗粒。

（三）线粒体的电镜照片观察

不同细胞中线粒体的形态和数目不同。线粒体的外形多样，如圆形、椭圆形、哑铃形和杆状。线粒体的数目与细胞类型和细胞的生理状态有关，线粒体多聚集在细胞生理功能旺盛的区域。

线粒体嵴的数目与分布方式是多种多样的。一般与线粒体长轴垂直排列，但也可见到与线粒体长轴平行排列的嵴。嵴的横切面呈囊状或管状。嵴的数量与细胞呼吸功能的强度有很大关系。以下一组照片是电镜下观察到的线粒体（图 2-2）。

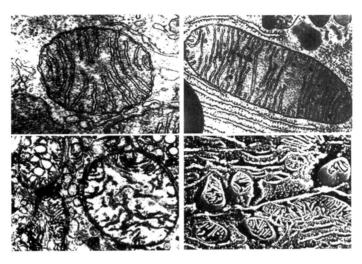

图 2-2 电镜下的线粒体

实验三 ▷▷▷▷
....

液泡系的活体染色及电镜照片观察

一、实验目的

掌握一种活体染色方法，了解光学显微镜和电子显微镜下液泡系的基本形态结构。

二、实验用品

1. 材料和标本

蟾蜍 1 只、软骨细胞电镜照片。

2. 器材和仪器

光学显微镜 1 台、手术器材 1 套、解剖盘 1 个、载玻片、盖玻片、吸水纸。

3. 试剂

1/3000 中性红染液、Ringer 液（两栖类用）。

三、实验内容

（一）蟾蜍胸骨剑突软骨细胞液泡系活体染色及观察

1. 原理

在动物细胞内，凡是由单层膜包裹的小泡都属于液泡系，包括内质网、高尔基复合体、溶酶体、过氧化物酶体、转运泡、吞噬泡等。软骨细胞内含有较多的粗面内质网和发达的高尔基复合体，能合成与分泌软骨黏蛋白及胶原纤维等，因而液泡系发达。中性红是液泡系的专一性活体染色剂，在细胞处于生活状态时，只将液泡系染成红色，细胞质和细胞核不被染色，中性红染色可能与液泡系中的蛋白质有关。

2. 方法

取 1 只蟾蜍，破坏脑和脊髓，剪开胸腔，取胸骨剑突软骨最薄部分的一小片，置于载玻片上，滴加 1/3000 中性红染液，染色 10 ～ 15min，用吸水纸吸去染液，加 1 滴 Ringer 液，盖上盖玻片，吸去多余 Ringer 液，镜下观察。

3. 结果

显微镜下观察，可见软骨细胞为椭圆形，细胞核周围有许多染成玫瑰红色、大小不一的小泡，即为软骨细胞液泡系（图 3-1）。

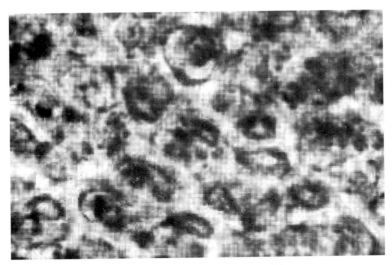

图 3-1 蟾蜍胸骨剑突软骨细胞中液泡系的显示

（二）大白鼠胫骺软骨细胞电镜照片的观察

动物细胞液泡很小，即使是活体染色也只能看出是 1 个小点，为了进一步看清液泡的结构，我们有必要观察软骨细胞的电镜照片。

大白鼠胫骺骨细胞电镜照片，细胞核与核仁很清楚，细胞质中有丰富的粗面内质网，液泡系发达，液泡由单层膜包围，细胞周边有液泡释放。（图 3-2、图 3-3、图 3-4）

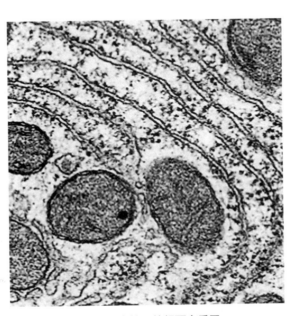

图 3-2 电镜下的粗面内质网

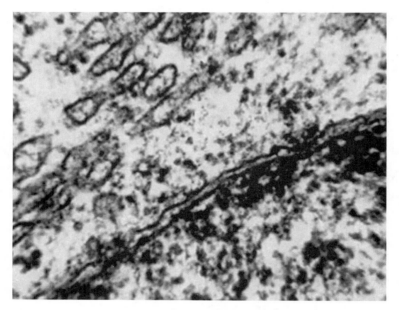

图 3-3　电镜下的滑面内质网

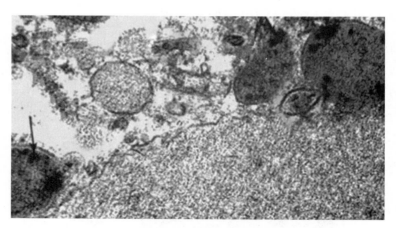

图 3-4　电镜下的溶酶体

实验四 ▷▷▷▷
· · · · · · · · · · · ·

细胞骨架——微丝的染色及观察

一、实验目的

掌握微丝的染色方法，了解光学显微镜下微丝的基本形态结构。

二、实验用品

1. 材料和标本

盖玻片培养的成纤维细胞 3 张、丽藻叶片。

2. 器材和仪器

光学显微镜 1 台、剪刀 1 把、镊子 1 把、小平皿 6 个、载玻片、吸水纸、37 ℃恒温箱。

3. 试剂

磷酸缓冲盐溶液（PBS 缓冲液）（pH7.2）、2％ Triton X-100、M- 缓冲液、3％戊二醛溶液、0.2％考马斯亮蓝染液、100 μg/mL 细胞松弛素 B、无血清 DMEM 培养液、10％ 小牛血清 DMEM 培养液。

三、实验内容

（一）成纤维细胞微丝的染色及其对细胞松弛素 B 的反应

1. 原理

微丝是由肌动蛋白分子构成的束状、网状纤维结构，普遍存在于多种细胞中，对细胞的形状和运动有一定作用。细胞松弛素 B 可与肌动蛋白分子结合，抑制微丝聚合组装，并使微丝聚集在一起，形成团网状结构，改变细胞的形状。

2. 细胞松弛素 B 处理成纤维细胞与染色观察

（1）成纤维细胞培养于平皿盖玻片上，在超净工作台内将 2 张盖玻片移入一新平皿中，准备细胞松弛素 B 干预实验；另 1 张盖玻片继续培养，用作对照。

（2）在有两片盖玻片的平皿中滴加 4 滴细胞松弛素 B，继续培养 30min。

（3）取 1 张细胞松弛素 B 处理过的盖玻片做染色处理，另 1 张盖玻片用无血清

DMEM 细胞培养液冲洗 5 次，以去掉细胞松弛素 B 的干预，此后继续培养。2h 后细胞形状恢复，接近正常。将此盖玻片与未经细胞松弛素 B 处理的对照盖玻片一同做染色处理。

（4）染色处理

1）将待染色的盖玻片放入盛有 PBS 缓冲液的平皿内，用吸管轻轻吹洗盖玻片，冲洗 3 次，每次 3min。

2）弃去 PBS 缓冲液，加入 2% Triton X-100，置 37℃恒温箱内孵育 20 ～ 30min，目的在于抽提细胞骨架以外的蛋白质，使细胞骨架染色图像更清晰。

3）弃去 Triton X-100，立刻加入 M- 缓冲液，冲洗 3 次，每次 3min。M- 缓冲液有稳定细胞骨架的作用。

4）弃去 M- 缓冲液，加入 3%戊二醛溶液，固定 15min。

5）弃去 3%戊二醛溶液，加入 PBS 缓冲液，冲洗 3 次，每次 3min。

6）弃去 PBS 缓冲液，加入 0.2%考马斯亮蓝染液，染色 15min。

7）小心地用自来水冲洗，空气干燥，上镜观察。

3. 结果

光镜下可见成纤维细胞胞质中被染成蓝色团网状结构的张力纤维束。在没有细胞松弛素 B 干预的对照标本上，多数成纤维细胞表面有突起，微丝沿突起规则排列；用细胞松弛素 B 处理的标本，由于微丝被破坏，细胞表面突起缩回，多数细胞形状变圆；细胞松弛素 B 干预后又洗去药的标本，由于解除了药物的作用，肌动蛋白重新聚合形成微丝，细胞形状恢复正常。

（二）丽藻细胞内胞质环流及其对细胞松弛素 B 的反应

1. 原理

植物细胞中细胞质的流动是围绕中央液泡进行的环形流动模式，这种流动称为胞质环流。胞质环流是由肌动蛋白和肌球蛋白相互作用引起的。丽藻细胞中的胞质环流与微丝有密切关系。丽藻细胞中央为大液泡，靠近液泡是一层溶胶样流动的内质，内质与细胞膜之间为静止的外质。在流动的内质和静止的外质间，有成束的微丝平行排列，能控制胞质环流方向和运动。用细胞松弛素 B 处理后，就可抑制胞质环流运动。

2. 方法

（1）剪下一小块丽藻叶片（1 ～ 2cm），置于载玻片上，盖上盖玻片。

（2）观察（阳光充足时效果较好）。

（3）再取另一小块丽藻叶片，滴 1 滴细胞松弛素 B，10 ～ 15min 后盖上盖玻片，观察。

（4）洗去药物，再观察。

3. 结果

在丽藻内质中可以看到胞质环流，用细胞松弛素 B 处理后，胞质环流停止，洗去药物，又出现胞质环流。

实验五 ▷▷▷▷

细胞器的光镜切片和电镜照片观察

一、实验目的

观察几种细胞器在光学显微镜和电子显微镜下的基本形态结构。

二、实验用品

1. 材料和标本

铁矾 – 苏木素染色的小白鼠肝细胞切片、镀银法染色的豚鼠脊神经节光镜切片、甲苯胺蓝染色的牛脊髓涂片、铁苏木素染色的马蛔虫子宫切片及细胞器电镜照片。

2. 器材和仪器

光学显微镜。

三、实验内容

（一）四种细胞器的光镜观察

1. 线粒体

小鼠肝细胞功能活跃，线粒体数目较多。铁矾 – 苏木素染色的小白鼠肝细胞切片，低倍镜下可见许多大小不等的肝小叶横切面，呈圆形或多角形；每个肝小叶有许多紧密排列成索状的肝细胞群。高倍镜下，肝细胞呈多角形，细胞中央无色的圆形区为细胞核，其中黑蓝色的小点是核仁；细胞质内分布着许多被苏木精染成深紫色的线粒体，呈颗粒状和线状（见图 5-1）。

2. 高尔基复合体

神经细胞因合成、运输大量蛋白质而含有发达的内质网和高尔基复合体。在低倍镜下观察用镀银法染色的豚鼠脊神经节光镜切片，可见神经节的假单极细胞体被神经束分隔成群，神经细胞的胞体呈圆形或椭圆形。高倍镜下观察，可看到细胞内淡黄色的背景上有黄褐色的细胞核，核的周围分布着许多深褐色的高尔基，呈弯曲的线状，颗粒状（见图 5-2）。

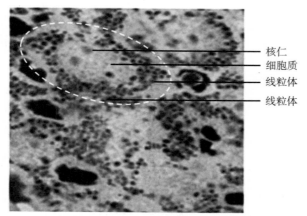

核仁
细胞质
线粒体
线粒体

（图中白色虚线指示为一个细胞，细胞质中分布着大量颗粒状线粒体）

图 5-1 小白鼠肝细胞切片示线粒体

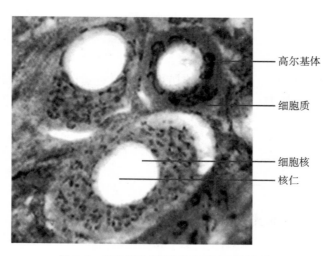

高尔基体

细胞质

细胞核
核仁

图 5-2 豚鼠脊神经节切片示高尔基复合体

3. 尼氏小体

神经细胞中分散在胞质中的呈粒状、微粒状或虎斑状的物质是尼氏小体（Nissl's Body），电子显微镜观察，确定它是粗面内质网上的核糖体。甲苯胺蓝染色的牛脊髓涂片中，通过尼氏小体染色即可观察到粗面内质网。低倍镜下，脊髓前角神经细胞染成蓝色的大三角形或星形；而染色较深的小细胞为神经胶质细胞。高倍镜下，可见脊髓前角神经细胞胞质中许多蓝色颗粒或网状结构即为尼氏小体（见图 5-3）。

4. 中心体

铁苏木素染色的马蛔虫子宫切片，在低倍镜下可见许多受精卵细胞。细胞外面有卵壳，细胞与卵壳之间的腔叫卵壳腔。在某些卵细胞内，核附近有圆形的小粒，即中心粒，它与周围致密的细胞质组成中心体。转换高倍镜观察，可见中心体的外围还有星状的放射细丝，即星体（见图 5-4）。

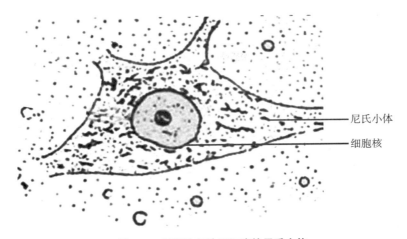

图 5-3　脊髓前角神经细胞的尼氏小体

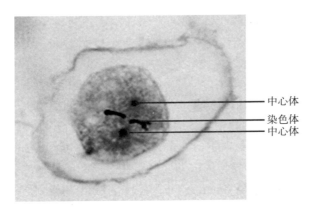

图 5-4　马蛔虫受精卵切片示中心体

（二）六种细胞器的电镜照片

1. 细胞膜

细胞膜（cell membrane）又称质膜，是指围绕在细胞最外层，由脂质和蛋白质组成的生物膜。经电镜高倍放大，质膜呈三层结构，即内外两层为电子致密层，厚度约 2nm，中间有一层透亮层，平均厚度为 3.5nm。这三层结构又称为单位膜（unit membrane）。细胞内所有的膜性结构都具有单位膜的形式。

2. 线粒体

线粒体（mitochondrion）通常呈圆形、卵圆形或丝状，长度不一，一般长 1 ～ 2μm 不等。电镜下，线粒体是由双层单位膜包围而成的封闭囊状细胞器。外膜平坦，厚约 6nm；内膜结构复杂，厚 5 ～ 7nm；内外膜之间的间隙称为膜间腔。内膜所包围的腔隙称为内腔，充满细颗粒状基质；内膜向内折叠形成许多嵴，嵴有板状、管状两种基本形态；内膜和嵴上附有许多基粒，每个基粒由头部、柄部和基片三部分构成。线粒体是细胞内生物氧化的主要场所，三羧酸循环、电子传递、氧化磷酸化等产能作用都在此进行，细胞生命活动所需总能量中，约有 95% 来自线粒体。

3. 核糖体

在电镜下，核糖体为圆形或椭圆形的电子致密颗粒，平均直径为 15 ~ 25nm。核糖体由大、小两个亚单位组成。大亚基略呈半圆形，直径约 23nm，有一侧伸出三个突起，中心为一凹陷；小亚基呈长条形，大小为 23nm×12nm。在电镜下，核糖体常成群呈环状或螺旋状存在，并与 mRNA 结合，构成多聚核糖体。附着于内质网上的称附着核糖体（attached ribosomes），主要合成外输性蛋白质。散在胞质中的称游离核糖体（free ribosomes），合成细胞本身生长所需的蛋白质。

4. 内质网

内质网（endoplasmic reticulum）是广泛分布于细胞质内的膜性管状、泡状或囊状结构，厚度 5 ~ 6nm。根据其膜外表面有无核糖体附着，分为粗面内质网和滑面内质网两种类型。①粗面内质网（rough endoplasmic reticulum）：多为互相连通的扁平囊泡状结构，也有少数的小泡和小管状，膜的外表面附有核糖体。②滑面内质网（smooth endoplasmic reticulum）：常由分支小管和小泡构成，表面光滑，无核糖体附着。

5. 高尔基复合体

电镜下观察到典型的高尔基复合体（golgi complex）由扁平囊、大囊泡和小囊泡组成。扁平囊平行堆积在一起，形成高尔基堆。扁平囊的切面呈弓形，中央较狭窄，边缘稍膨胀，内充满中等电子密度的物质。弓形的凸面能与粗面内质网所芽生的小泡融合，接受新合成的蛋白质，成为形成面（forming face），膜厚度为 6nm，与内质网膜相近。形成面所接受的物质经高尔基复合体浓缩之后，在弓形凹面处形成分泌颗粒，凹面称分泌面（secreting face）或成熟面（mature face），膜厚 8nm，接近质膜的厚度。

6. 溶酶体

溶酶体（lysosome）是由单位膜包围而成的囊状细胞器，内含多种水解酶，其中酸性磷酸酶为溶酶体的标志酶。根据溶酶体形成过程和功能状态可将溶酶体分成内体性溶酶体（endolysosome）、吞噬性溶酶体（phagolysosome）和残余体（residual body）。内体性溶酶体是由高尔基复合体扁平囊边缘膨大而分离出来的泡状结构和内体合并而成，一般体积较小，直径为 0.25 ~ 0.50μm。吞噬性溶酶体是由内体性溶酶体和将被水解的各种吞噬底物融合形成的。在吞噬性溶酶体到达末期阶段时，还残留一些未被消化和分解的物质，并保留在溶酶体内，形成残余体。它由单位膜包裹，大小差别甚大，内容物多样，常含有脂褐素、髓样体、脂滴等，但不含水解酶，这些残余物在电镜下呈现较高电子密度。

7. 微体

过氧物酶体（peroxisome）又称微体，是由单位膜包裹的囊状细胞器，直径 0.3 ~ 0.5μm，由一层膜包被，常呈圆形或卵圆形。微体的形态和数量随动物种类、细胞种类不同而有较大差异。它的特征酶是过氧化氢酶，能分解多余的过氧化氢，调节和控制过氧化氢的含量，防止细胞中毒。

8. 中心粒

中心粒（centriole）存在于动物细胞和低等植物细胞中，是成对出现的细胞器。电镜下，中心粒为一圆柱形小体；横切面观察，圆柱形小体的壁由 9 组三联微管组成，形似风车。每组三联微管都包埋在电子密度较高的均质状物质之中，这些物质向胞质放射状延伸，形成中心粒周围的卫星小体。有丝分裂时的纺锤丝微管在此形成，参与染色体的移动。

9. 染色质

在间期核中，染色质（chromatin）大部分呈分散细丝状、颗粒状和团块状。根据染色质卷曲和聚集的程度及在代谢活动中所起作用的差异，又可分为常染色质和异染色质。

10. 核仁

核仁（nucleolus）是间期核中一种较恒定的结构，常呈圆形或卵圆形，无包膜。电镜下，核仁具有较高的电子致密度，其结构如松散的粗线团。在电镜下可以看到，核仁包括四部分：核仁组织区、纤维成分、颗粒成分和核仁周边染色质。核仁组织区浅染，位于核仁中央部位，含有从数条染色体上伸出的 DNA 袢环；纤维成分位于核仁组织区周围，呈直径 5 ~ 10nm 的紧密排列的细丝纤维，是正在转录的线性 RNA 分子；颗粒成分多位于核仁的外围，含电子密度较大的颗粒，是核糖体亚单位的前身。核仁是细胞内合成 rRNA 和装配核糖体亚单位的场所。

实验六 ▷▷▷▷
·················

细胞生理活动的观察

一、实验目的

1. 观察巨噬细胞吞噬淀粉肉汤颗粒和鸡血细胞等生理活动。
2. 观察兔红细胞膜对等渗溶液中各种溶质分子的通透现象。

二、实验用品

实验仪器、材料和试剂。

1. 材料和标本

昆明种小鼠（体重 20g 左右），含适量肝素的 2% 鸡血细胞悬液、含适量肝素的 10% 兔血细胞悬液。

2. 器材和仪器

普通光学显微镜、计时器、小剪刀、小弯镊、2mL 注射器、小烧杯、吸管、载玻片、盖玻片、8mL 塑料试管、试管架、胶布、记号笔等。

3. 药品与试剂

6% 淀粉肉汤（含 0.3% 台盼蓝）；0.17mol/L 氯化钠溶液、0.17mol/L 硝酸钠溶液、0.12mol/L 硫酸钠溶液、0.17mol/L 氯化铵溶液、0.17mol/L 乙酸铵溶液、0.32mol/L 葡萄糖溶液、0.32mol/L 甘油溶液、0.32mol/L 乙醇溶液。

三、实验内容

（一）小鼠腹腔巨噬细胞吞噬活动的观察

1. 原理

细胞膜（cell membrane）又称细胞质膜（plasma membrane），是细胞表面的一层薄膜。细胞膜的化学组成基本相同，主要由脂质、蛋白质和糖类组成。脂质的主要成分为磷脂和胆固醇。

细胞膜具有重要的生理功能，它既使细胞维持稳定代谢的胞内环境，又能调节和选择物质进出细胞。细胞膜参与了细胞吞噬、物质转运、细胞分裂、细胞分化、细胞发育、细胞免疫和细胞凋亡等细胞生命活动。

细胞的吞噬是机体某些类型细胞的一种重要生命活动，也是机体的免疫系统行使免疫功能的重要形式。高等动物体内的单核细胞、粒细胞、巨噬细胞等都具有吞噬功能，其中巨噬细胞（macrophage）的吞噬活性最强，由血液中的单核细胞分化而来，分布在组织内；巨噬细胞可以非特异性地吞噬病原体等所有外来异物及机体自身的衰老病变或凋亡细胞，并激活淋巴细胞或其他免疫细胞，令其对病原体等做出反应。

巨噬细胞遇到外来异物时通过伸出伪足将外来异物包裹，形成吞噬泡，再与胞内的初级溶酶体融合形成次级溶酶体，并完成对异物的消化分解。在本实验中，为了诱导小鼠体内产生较多的巨噬细胞并转移到腹腔，需提前 1 ~ 2 天向小鼠腹腔内注射蓝色的淀粉肉汤（含台盼蓝染料），巨噬细胞吞噬淀粉肉汤后便会在胞内形成蓝色的吞噬泡，这样，在镜下可见巨噬细胞中含有大小不等的深蓝色颗粒。实验时，再向小鼠腹腔注射鸡红细胞悬液，巨噬细胞便会吞噬这些外来的异物并进行胞内的消化。

2. 操作

（1）提前 1 ~ 2 天向小鼠腹腔注射 6% 淀粉肉汤 0.5 ~ 1mL，该步骤可由实验准备老师操作完成。

（2）两个同学一组取一只小鼠，正确固定小鼠，向腹腔注射 1mL 1% 鸡血细胞悬液（图 6-1），轻揉小鼠腹部，使鸡血细胞分散。将小鼠做记号放回笼子中或用胶布将鼠尾固定在实验台面上，等待 20 ~ 30min，使巨噬细胞作用于鸡血细胞。

（3）等待时间结束后，向小鼠腹腔注射 0.5 ~ 1mL 生理盐水，轻揉小鼠腹部，使腹腔液稀释。

（4）用脊椎脱臼法处死小鼠（图 6-2）。

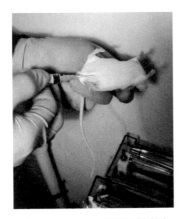

图 6-1 小鼠的腹腔注射方法

图 6-2 小鼠的颈椎脱臼处死方法

（5）吸取小鼠腹腔液。将小鼠腹部朝上放置实验台上，左手持镊将腹部皮肤提起，右手持剪剪开皮肤并将皮肤撕向两侧，再剪开腹膜暴露腹腔，用卸去针头的注射器或吸管贴腹腔的背壁处吸取腹腔液滴在载玻片中央，轻轻盖上洁净的盖玻片，完成制片过程。若腹腔液较少不好吸出，也可直接将玻片在肠上靠一下，使腹腔里的细胞黏附在玻片上。腹腔液在正常情况下为淡蓝色，若腹腔血管破裂则液体变为红色，表明里面充满了小鼠的红细胞，对观察巨噬细胞会产生一定的影响，故操作时应该小心，尽量避免腹腔血管破裂。

（6）镜下观察。将制备好的小鼠巨噬细胞玻片标本置于显微镜载物台，先在低倍镜下调好标本的焦距（此时应使光圈缩小以增大反差并使视野亮度适当降低），大致观察玻片上细胞的分布情况，将细胞密度合适的区域移至低倍镜视野的中央，转换高倍镜观察。在高倍镜下先观察、分辨标本片上的小鼠巨噬细胞、鸡红细胞和小鼠红细胞等目标。

巨噬细胞：体积较大，呈圆形或不规则形，表面具有多个突起（伪足），胞质中含有数量不等、大小不一的蓝色颗粒（含淀粉肉汤的吞噬体）；鸡红细胞呈椭圆形，淡黄色，具椭圆的细胞核。在视野中仔细寻找巨噬细胞吞噬鸡红细胞的不同阶段。有的鸡红细胞紧贴在巨噬细胞表面；有的红细胞已部分被吞入；有的巨噬细胞已吞入1个或多个鸡红细胞，形成了吞噬泡（图6-3）。

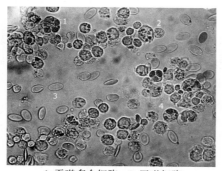
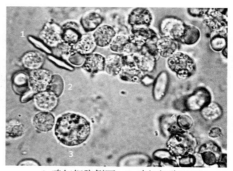

1. 吞噬多个细胞　2. 巨噬细胞　　　　　　1. 鸡红细胞侧面　2. 鸡红细胞正面
3. 鸡红细胞　　　4. 巨噬细胞　　　　　　3. 巨噬细胞　　　4. 小鼠红细胞

图6-3　小鼠的巨噬细胞及其吞噬活动的观察（1000×）

（二）兔红细胞膜通透性的观察

1. 原理

细胞膜（cell membrane）是细胞与外界进行物质交换的结构，半透性或称选择透性是其最重要的特性之一，可选择性地控制物质进出细胞。换句话说，细胞膜对不同大小和性质的物质的通透性或转运能力存在很大差异。一般来说，脂溶性、小分子、不带电荷的物质容易透过细胞膜。

通常，当细胞与所处的环境存在渗透压差别时，水分子可从渗透压低的一侧向高的一侧扩散，以至于在高渗环境中，细胞会失水而皱缩；在低渗环境中，细胞会吸水膨胀直至破裂（图6-4）。

细胞膜可以选择性地让一部分物质通过，一部分物质不通过，能够通过的物质，其通过时间也不一样。当溶质分子进入细胞后，胞内渗透压升高，进而引发水分子进入细胞，使细胞胀破，发生溶血，液体也由不透明的细胞悬液变为透明的血红蛋白溶液。

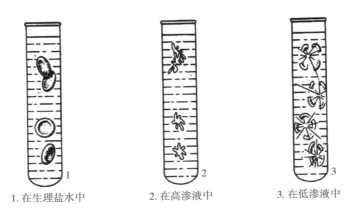

1. 在生理盐水中　　　　　2. 在高渗液中　　　　　3. 在低渗液中

图 6-4　哺乳动物红细胞在不同渗透压溶液中的结局

2. 操作

（1）两个同学一组取 8 根塑料试管，放于试管架上（图 6-5），依次编号，然后按照编号分别加入氯化钠（0.17mol/L）、硝酸钠（0.17mol/L）、硫酸钠（0.12mol/L）、氯化铵（0.17mol/L）、乙酸铵（0.17mol/L）、葡萄糖（0.32mol/L）、甘油（0.32mol/L）、乙醇（0.32mol/L）8 种等渗溶液各 4mL，然后在每管中各加入 0.4mL 的 10% 兔血悬液。

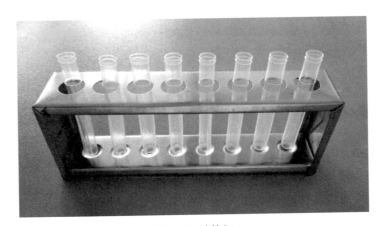

图 6-5　试管架

（2）混匀液体。用拇指捏住试管口，上下颠倒管中的液体，立即观察是否发生溶血现象，可将塑料试管紧贴书本，看看是否能够透过试管看清书上的文字；如果能看清说明已发生了溶血，如果看不清说明还未发生溶血，可以继续颠倒混匀，随时观察。

（3）将溶血结果记入表 6-1 中。

表 6-1　红细胞在几种等渗溶液中发生溶血的情况

编号	溶液种类	是否溶血	溶血速度	结果分析
1	氯化钠（0.17mol/L）			
2	硝酸钠（0.17mol/L）			
3	硫酸钠（0.12mol/L）			
4	氯化铵（0.17mol/L）			
5	乙酸铵（0.17mol/L）			
6	葡萄糖（0.32mol/L）			
7	甘油（0.32mol/L）			
8	乙醇（0.32mol/L）			

四、注意事项

1. 小鼠腹腔巨噬细胞吞噬活动的观察

（1）给小鼠进行腹腔注射时不要扎得太深，以免扎到脏器或肠道，也不要扎得太浅，以免注入皮下，两者都会影响实验结果。

（2）腹壁解剖时注意用镊子拈起皮肤以免剪到腹部大血管。

2. 兔红细胞膜通透性的观察

（1）捏紧管口，上下颠倒，使液体充分混匀。

（2）对于溶血慢的，随时观察，并及时记录结果。

五、试剂配制

1. 6% 淀粉肉汤

称取牛肉膏 0.3g、蛋白胨 1.0g、氯化钠 0.5g、台盼蓝 0.3g，分别加到 100mL 蒸馏水中溶解，再加入可溶性淀粉 6g，混匀后煮沸灭菌，置 4℃冰箱保存，使用时温浴溶解。

2. 0.17mol/L 氯化钠溶液

称取 4.97g 氯化钠溶于 500mL 蒸馏水中。

3. 0.17mol/L 硝酸钠溶液

称取 7.22g 硝酸钠溶于 500mL 蒸馏水中。

4. 0.12mol/L 硫酸钠溶液

称取 19.33g 硫酸钠（$Na_2SO_4 \cdot 10H_2O$）溶于 500mL 蒸馏水中。

5. 0.17mol/L 氯化铵溶液

称取 4.57g 氯化铵溶于 500mL 蒸馏水中。

6.0.17mol/L 乙酸铵溶液

称取 6.55g 乙酸铵溶于 500mL 蒸馏水中。

7.0.32mol/L 葡萄糖溶液

称取 28.83g 葡萄糖溶于 500mL 蒸馏水中。

8.0.32mol/L 甘油溶液

量取 11.70mL 甘油加 500mL 蒸馏水混匀。

9.0.32mol/L 乙醇溶液

量取 9.33mL 无水乙醇加 500mL 蒸馏水混匀。

10.500U/mL 肝素

取安瓿装肝素注射液 1 支（2mL，12500U），用注射器加肝素到 23mL 生理盐水中混匀，4℃保存。

11.1% 或 3% 鸡红细胞悬液

取 2mL 鸡全血（肝素抗凝）加入 98mL 生理盐水中，混合均匀。

12.10% 兔红细胞悬液

取 10mL 兔血（肝素抗凝）加入 90mL 生理盐水中，混合均匀。

六、作业与思考

1. 绘图表示小鼠巨噬细胞吞噬鸡血细胞的情况。

2. 填表记录溶血实验的结果，并分析原因。

3. 为什么都是等渗溶液，有的可致红细胞溶血，有的不能？

实验七 ▷▷▷▷
....

细胞组分的化学反应

一、实验目的

了解核酸、蛋白质、糖及酶的细胞化学反应原理，掌握基本细胞化学染色方法。

二、实验用品

1. 材料和标本

蟾蜍、小白鼠。

2. 器材和仪器

光学显微镜、解剖器材、蜡盘、载玻片、吸水纸、染色缸、盖玻片、水浴箱。

3. 试剂

PBS 缓冲液（pH7.2）、甲基绿 – 派洛宁醋酸缓冲液、纯丙酮、1/2 丙酮 +1/2 二甲苯、纯二甲苯、70％乙醇、5％三氯醋酸、0.1％碱性固绿、0.1％酸性固绿、0.5％硫酸铜、联苯胺混合液、1％番红、卡诺固定液（Carnoy 固定液）（甲醇：冰醋酸 =3∶1，体积比）。

三、实验内容

细胞化学是研究细胞的化学成分及其在细胞活动中的变化和定位的学科，即在不破坏细胞形态结构的状况下，用生化和物理技术对各种组分进行定量分析，研究其动态变化，了解细胞代谢过程中各种细胞组分的作用。

（一）Brachet 反应——显示细胞内的 DNA 和 RNA

1. 原理

甲基绿 – 派洛宁（Methyl green-Pyronin）为带有正电荷的碱性染料，它能分别与细胞内的 DNA、RNA 结合而呈现不同颜色。当甲基绿与派洛宁作为混合染料时，甲基绿和染色质中 DNA 选择性结合显示绿色或蓝色；派洛宁与核仁、细胞质中的 RNA 选择结合显示红色。其原因可能是两种染料的混合染液中有竞争作用，同时两种核酸分子都是多聚体，而其聚合程度有所不同。甲基绿易与聚合程度高的 DNA 结合呈现绿色，而派洛宁则与聚合程度较低的 RNA 结合呈现红色，但解聚的 DNA 也能和派洛宁结合呈现红色，即 RNA 对派洛宁亲和力大，被染成红色，而 DNA 对甲基绿亲和力大，被染成蓝绿色。

2. 方法

（1）以破坏脊髓法处死蟾蜍，将其腹面向上放入蜡盘中，剪开胸腔，打开心包。小心抽取心脏血，滴 1 滴于载玻片上，推片，制备新鲜血涂片。

（2）血涂片室温干燥 10min 后，将其放入染色缸内，倒入 70% 乙醇，固定 5～10min，取出后晾干。

（3）把晾干的血涂片平放，滴加数滴甲基绿 - 派洛宁混合液，染色 20～30min。

（4）用自来水轻轻冲洗血涂片表面，去除浮色后，再用滤纸吸取血涂片上的水分（不要过干）。

（5）将血涂片放入染色缸内，倒丙酮中分色 2～3s。

（6）将血涂片取出，镜检。

3. 结果

因为 DNA 主要分布于细胞核中，RNA 主要分布于核仁及细胞质中，因此，经甲基绿 - 派洛宁混合染料染色后，细胞质被染成红色，细胞核被染成蓝绿色，其中核仁被染成紫红色。

（二）细胞内碱性蛋白和酸性蛋白的显示

1. 原理

由于细胞中蛋白质分子所带的碱性和酸性基团的数目不同，在不同的 pH 值溶液中，蛋白质分子所带的净电荷多少亦不同。如蛋白质带负电荷多，则为酸性蛋白质；带正电荷多，则为碱性蛋白质。当标本经三氯醋酸处理去除核酸干扰，再用不同 pH 值的固绿染液分别染色，就可使细胞内的酸性蛋白和碱性蛋白质显示出来。

2. 方法

（1）抽取蟾蜍心脏血，制备新鲜血涂片 2 张（方法如上），室温干燥 10min。

（2）将涂片做好标记，放在 70% 乙醇中固定 5min，室温晾干。

（3）放入 5% 三氯醋酸中 60℃ 30min，抽提出核酸。

（4）清水冲洗 3 次（每次 5min）。

（5）滤纸吸干玻片上水分，一张片放入 0.1% 碱性固绿（pH8.0～8.5）中染色 10～15min，另一张片放入 0.1% 酸性固绿（pH2.0～2.5）中染色 10～15min。

（6）流水冲洗，盖上盖玻片镜检。

3. 结果

碱性固绿染色的片中，细胞质、核仁不着色，细胞核大部分被染成绿色，表明细胞核中主要以碱性蛋白存在较多，如参与染色质组装的组蛋白即为碱性蛋白；经酸性固绿染色的片中，因细胞质和核仁中有酸性蛋白，被染成绿色，细胞核不着色。

（三）细胞内过氧化物酶的显示

1. 原理

过氧化物酶（peroxidase）主要存在于血液、骨髓细胞的粒细胞系中。单核细胞的过氧化物酶为弱阳性，其他各型血细胞过氧化物酶均为阴性。此酶在细胞中定位于过氧化物酶体内，可将 H_2O_2 分解产生氧，后者能把联苯胺氧化为蓝色的联苯胺蓝，进而变为棕色联苯胺腙。因而可以根据颜色反应来判定过氧化物酶的有无或多少。

2. 方法

（1）取小鼠一只，以颈椎脱位法将其处死，迅速剖开其后肢暴露出股骨，将股骨一端斜向剪断，用 PBS 缓冲液湿润过的注射器针头吸出骨髓 1 滴，滴到载玻片上。

（2）推片，室温晾干。

（3）将涂片放入 0.5％硫酸铜中浸 30s ～ 1min。

（4）取出涂片直接放入联苯胺混合液中反应 6min。

（5）流水冲洗，浸入 1％番红溶液中复染 2min。

（6）流水冲洗，盖上盖玻片镜检。

3. 结果

涂片中可见一些细胞中存在着蓝色或棕色颗粒，为过氧化物酶所在位置。

实验八　▷▷▷▷
....

细胞核与线粒体的分级分离

一、实验目的

1. 掌握差速离心方法分离细胞器的原理。
2. 熟悉细胞核与线粒体的分级分离操作方法。

二、实验用品

1. 材料

小白鼠、冰块、玻璃匀浆器、载玻片、盖玻片、刻度离心管、滴管、10mL 量筒、25mL 烧杯、玻璃漏斗、解剖剪、镊子、吸水纸、纱布、平皿、牙签。

2. 仪器

普通离心机、台式高速离心机、普通天平、光学显微镜。

3. 试剂

0.25mol/L 蔗糖 –0.003mol/L 氯化钙溶液、1％甲苯胺蓝染液、0.02％詹纳斯绿 B 染液、0.9％氯化钠溶液。

三、实验内容

1. 实验原理

细胞内不同结构的大小、形状、密度与比重都不相同，在同一离心场内的沉降速度也不相同，用相对较小的离心力，相对较大、较致密、较重的结构（如细胞核）将最先沉降下来。当离心力逐渐加大后，比较重的亚细胞成分将一一被分离出来，这即称为差速离心法。根据这一原理，常用逐渐增大离心力，将细胞内各种组分分级分离出来。

在分级分离过程中先将组织制成匀浆，在均匀的悬浮介质中进行分离，对分离出的组分进行分析三个主要步骤，这种方法已成为研究亚细胞成分的化学组成、理化特性及其功能的主要手段。

匀浆（homogenization）：低温条件下，将组织放在匀浆器中，加入等渗匀浆介质（0.25mol/L 蔗糖 –0.003mol/L 氯化钙）研磨、破碎细胞，使之成为各种细胞器及其包含物的匀浆。

分级分离（fractionation）：由低速到高速离心逐渐沉降。先用低速使细胞匀浆中较大的细胞器沉淀下来；再用较高的转速，将浮在上清液中的颗粒沉淀下来，从而使各种细胞结构，如细胞核、线粒体等得以分离。由于样品中各种大小和密度不同的颗粒在离心开始时均匀分布在整个离心管中，所以每级离心得到的第一次沉淀并不是纯的、最重的颗粒，须经反复悬浮和离心纯化。

分析鉴定：分级分离得到的组分，可用细胞化学和生化方法进行形态和功能鉴定。

2. 细胞核及线粒体的分离提取

（1）操作步骤

1）用颈椎脱位方法处死小白鼠，迅速剖开腹部取出肝脏，剪成小块（去除结缔组织），并尽快置于盛有 0.9% NaCl 的烧杯中，反复洗涤，尽量除去血污，用滤纸吸去表面的液体。

2）将湿重约 1g 的肝组织放在小平皿中，用量筒量取 8mL 预冷的 0.25mol/L 蔗糖 -0.003mol/L 氯化钙溶液，先加少量该溶液于平皿中，待尽量剪碎肝组织后，再全部加入。

3）剪碎的肝组织与介质一起倒入匀浆管中，使匀浆器下端浸入盛有冰块的器皿中，左手持之，右手将匀浆捣杆垂直插入管中，上下转动研磨 3 ～ 5 次，用 5 层纱布过滤匀浆液于离心管中，同时，制备一张匀浆液的涂片（1 号涂片），做好标记，自然干燥。

4）将装有滤液的离心管配平后，放入普通离心机，以 2500rpm 离心 15min；缓缓吸取上清液，移入高速离心管中，保存于有冰块的烧杯中，待分离线粒体用；同时用上清液制备另一涂片（2 号涂片），做好标记，自然干燥；余下的沉淀物进行下一步骤。

5）用 6mL 0.25mol/L 蔗糖 -0.003mol/L 氯化钙溶液悬浮沉淀物，以 2500rpm 离心 15min，弃上清，将残留液体用吸管吹打成悬液，滴 1 滴于干净的载玻片上，制备第三张涂片（3 号涂片），置空气中自然干燥。

6）将制备好的三张涂片用 1% 甲苯胺蓝染色后，置光镜下观察。

7）将装有上清液的高速离心管从装有冰块的烧杯中取出，配平后，以 17000rpm 离心 20min，弃上清，留取沉淀物。

8）加入 0.25mol/L 蔗糖 -0.003mol/L 氯化钙液 1mL，用吸管吹打成悬液，再次以 17000rpm 离心 20min，将上清转移至另一试管中，留取沉淀物，加入 0.1mL 0.25mol/L 蔗糖 -0.003mol/L 氯化钙溶液混匀成悬液。

9）取上清液和沉淀物悬液，分别滴 1 滴于洁净载玻片上，分别制备 3 号涂片和 5 号涂片，在标本片上滴加 1 滴 0.02% 詹纳斯绿 B 染液，染色 20min，然后盖上盖玻片，吸去多余染液后置油镜下观察。

（2）结果：在光镜下可见，细胞核被染成深蓝色；转换油镜观察，可见颗粒状的线粒体被詹纳斯绿 B 染成蓝绿色。

实验九 ▷▷▷▷
....

细胞分裂的形态观察

一、实验目的

通过标本制备和观察了解体细胞的无丝分裂、有丝分裂形态特征及生殖细胞的减数分裂过程。

二、实验用品

1. 材料和标本

蛙血涂片；马蛔虫子宫切片和洋葱根尖切片；6 ～ 8 周龄健康雄性小鼠，体重 20 ～ 25g。

2. 器材和仪器

显微镜、擦镜纸、解剖针、眼科镊子、载玻片、盖玻片、吸水纸、培养皿、冰箱、离心机、离心管、吸管、注射器等。

3. 试剂

秋水仙素、丙酸睾酮、KCl、甲醇、冰醋酸、吉姆萨染液（Giemsa 染液）。

三、实验内容

细胞分裂对生物的个体发育和生存，对种族绵延有着十分重要的意义，高等生物体内细胞的分裂有三种方式：无丝分裂、有丝分裂和减数分裂。

（一）动物细胞无丝分裂的观察——蛙血涂片

1. 原理

无丝分裂不仅是原核生物增殖的方式，雷马克（Remak）于 1841 年最早在鸡胚血细胞中发现无丝分裂现象，因为此过程没有出现纺锤丝和染色体的变化，故称无丝分裂（amitosis）。其后无丝分裂又在各种动植物中陆续发现，尤其在分裂旺盛的细胞中更多见，如人的肝细胞，蛙红细胞体积较大、数目较多，而且有核，是观察无丝分裂的较好材料。

2. 观察与结果

在低倍物镜上，找到蛙血涂片上的细胞，然后在高倍镜下，可见到处于不同阶段分裂过程中的蛙红细胞，核仁先行分裂，向核的两端移动，细胞核伸长呈杆状；进而，在核的中部从一面或两面向内凹陷，使核成肾形或哑铃形改变；最后，从细胞中部直接收缩成两个相似的子细胞；子细胞较成熟的红细胞小。

（二）细胞有丝分裂的观察——马蛔虫子宫切片、洋葱根尖切片

1. 原理

细胞有丝分裂（mitosis）的现象分别是由弗勒明（Flemming，1882）在动物细胞和施特拉斯布格（Strasburger，1880）在植物细胞中发现的。有丝分裂是细胞均等增殖的过程，是体细胞分裂的主要方式。在有丝分裂过程中，细胞内每条染色体都能复制一份，然后平均分配到子细胞中，两个子细胞与母细胞所含的染色体在数目、形态和性质上均是相同的。马蛔虫受精卵细胞中只有 6 条染色体，而洋葱体细胞的染色体为 16 条，它们都具有染色体数目少的特点，所以便于观察和分析。

2. 观察

（1）动物细胞有丝分裂的观察——马蛔虫子宫切片：取马蛔虫的子宫切片标本，先在低倍镜下观察，可见马蛔虫子宫腔内有许多椭圆形的受精卵细胞，它们均处在不同的细胞时相。每个卵细胞都包在卵壳之中，卵壳与卵细胞之间的腔，叫卵壳腔。细胞膜的外面或卵壳的内面可见有极体附着。寻找和观察处于分裂间期和有丝分裂不同时期的细胞形态变化，并转换高倍镜仔细观察。

1）间期（interphase）：细胞质内有两个近圆形的细胞核，一为雌原核，另一为雄原核。两个原核形态相似不易分辨，核内染色质分布比较均匀，核膜、核仁清楚，细胞核附近可见中心粒存在。

2）分裂期（mitosis）

前期（prophase）：雌、雄原核相互趋近，染色质逐渐浓缩变粗、核仁消失，最后核膜破裂、染色体相互混合，两个中心粒分别向细胞两极移动，纺锤体开始形成。

中期（metaphase）：染色体聚集排列在细胞的中央形成赤道板，由于细胞切面不同，此期有侧面观和极面观的两种不同现象，侧面观染色体排列在细胞中央，两极各有一个中心体，中心体之间的纺锤丝与染色体着丝点相连；极面观由于染色体平排于赤道面上，六条染色体清晰可数，此时的染色体已纵裂为二，但尚未分离。

后期（anaphase）：纺锤丝变短，纵裂后的染色体被分离为两组，分别移向细胞两极，细胞膜开始凹陷。

末期（telophase）：移向两极的染色体恢复染色质状态，核膜、核仁重新出现，最后细胞膜横缢，两个子细胞形成。

（2）植物细胞有丝分裂的观察——洋葱根尖切片：洋葱根尖切片标本先在低倍镜下观察，寻找生长区，这部分的细胞分裂旺盛，大多处于分裂状态，细胞形状呈方形。换高倍镜仔细观察不同分裂时期的细胞形态特征。与动物细胞有丝分裂特征比较，找出植

物细胞有丝分裂的特点和两者的区别。

（三）小鼠睾丸生殖细胞减数分裂标本制作与观察

1. 原理

减数分裂（meiosis）是配子发生过程中的一种特殊的有丝分裂，即染色体复制一次，而细胞连续分裂两次，结果使染色体数目减半的过程。减数分裂过程中体现了遗传学的三大定律，所以说减数分裂在稳定种的遗传性状和繁殖中均起着重要作用。

2. 小鼠睾丸生殖细胞减数分裂标本的制备

（1）秋水仙素处理：小鼠肌内注射 6.5mg/kg 丙酸睾酮，48h 后脱颈处死，处死前 4h 左右腹腔注射秋水仙素 4mg/kg。

（2）取材：处死后的小鼠，取出一侧睾丸放入预先盛有 0.07mol/L KCl 的培养皿中，剥去睾丸被膜，除去附睾、脂肪及结缔组织等。用眼科镊子分离精细小管，移入 10mL 离心管中。

（3）低渗：装有睾丸精细小管的离心管于 37℃ 水浴低渗 30min，轻轻吸去低渗液，保留 1mL 低渗液及沉淀物。

（4）预固定：加入甲醇，冰醋酸（3∶1）固定液 9mL，固定 15min 后以 1000r/min 离心 8min，吸去上清液，保留 1mL 固定液及沉淀物。

（5）软化：加入体积分数 0.6 的乙酸溶液 2mL 进行软化，见精细小管溶化成浑浊状时即可再固定。

（6）再固定：加入 7mL 固定液，反复吹打均匀，这样可使处于减数分裂过程中的各期细胞脱落。去除肉眼可见的膜状物。

（7）收获细胞：以 1000r/min 离心 8min 后，吸去上清液，取沉淀物，加入 0.5mL 固定液吹打成细胞悬液，冷冻滴片，立即用吸管轻轻吹散细胞，空气干燥。

（8）染色：Giemsa 染液（用 pH7.0 的 1×PBS 以 1∶10 比例稀释成 Giemsa 工作液）染色 8min，弃染色液，蒸馏水冲洗，晾干玻片。

（9）观察与结果：仔细辨认寻找小鼠睾丸生殖细胞第一次减数分裂前期 I 的 5 个时期（细线期、偶线期、粗线期、双线期、终变期）染色体分裂相。

前期 I：该时期为减数分裂过程中最富有特性的时期，所经历的时间较长，染色体的行为复杂，根据染色体的特点可将前期 I 分为 5 个时期，分别是细线期、偶线期、粗线期、双线期和终变期。各期的特点如下：

细线期：染色体细而长，呈丝状，相互缠绕成团，其上常有颗粒（染色粒）。核仁清楚。

偶线期：同源染色体两两配对，这种行为称为联会。此期染色体的形态与细线期相比没有太大变化，仍细而长。

粗线期：同源染色体配对完成，缩短变粗形成二价体，每个二价体含 4 条染色单体，故也称为四分体。此时染色体仍相互交织，很难分辨出染色体的条数。

双线期：染色体变得更加粗短，联会的同源染色体开始相互分离，但不是完全分开，由于非姐妹染色单体发生局部交换，可见到交叉现象，而且出现交叉向端部移动（交叉端化），形成各种交叉图案。如 X 形、O 形和 ∞ 形等。

终变期：染色体较上期更粗更短，着色更深，所以此时期又称为浓缩期。两条同源染色体仍有交叉联系，呈现 O、V、X、Y 等特殊图形。此时核膜、核仁逐渐消失。此期染色体最清楚，计数最方便。

中期Ⅰ：核膜、核仁完全消失，染色体高度浓缩。各个二价体向细胞中部集中，排列在赤道面上，从赤道面可见到 19 个二价体和性染色体排成一列。在极面则可见到各个二价体（四分体）和性染色体排成一个平面。

后期Ⅰ：细胞变长，由于纺锤丝的牵引，每个二价体（四分体）分成 2 个二分体分别向两极移动，由于着丝粒未分裂，使得两极都得到 20 个二分体。

末期Ⅰ：细胞变长且中央凹陷核膜重新形成。经过该期后，一个初级精母细胞变成两个体积较小的次级精母细胞（染色体减少一半），移到两极的染色体聚集在一起，逐渐解螺旋恢复到染色质状态。

减数分裂Ⅱ：也称第二次减数分裂，是次级精母细胞分裂形成精细胞的过程，在这一期无染色体数目的变化（但 DNA 的量有变化），故与一般的有丝分裂很相似。第一次分裂完成后有一个短暂的间期（在这个间期无染色体数目和 DNA 量的改变，再进入第二次分裂）。有些生物则在末期Ⅰ后直接进入前期Ⅱ而不经过间期。

精细胞：体积比次级精母细胞小得多。染色体是初级精母细胞的一半。

精子：精子由精细胞经过变态期所形成。精子为单倍体（n = 19 + Y 或 n=19 + X）。

实验十 ▷▷▷▷

正常细胞与肿瘤细胞染色体标本制备与观察

一、实验目的

掌握微量全血培养及正常细胞和肿瘤细胞常规染色体标本制备技术。了解正常及肿瘤细胞核型的一般特征及其差异。

二、实验用品

1. 材料

健康人的外周血、培养的 HeLa 细胞和 HL-60 细胞、酒精灯、乳胶管、火机、镊子、废液缸、离心管（10mL）、乳头吸管、载玻片、平皿，无菌器材包括培养瓶、培养皿、5mL 注射器、7 号注射针头、5mL 刻度移液管、吸管。

2. 仪器

超净台、离心机、水浴箱、定时钟、天平、显微镜。

3. 试剂

1640 培养液、500U/mL 肝素溶液、10μg/mL 秋水仙素溶液、0.25％胰蛋白酶 -0.02％ EDTA 混合消化液、0.5mg/mL 植物血凝素（PHA）溶液、0.075mol/LKCl 溶液、甲醇、冰醋酸、Giemsa 原液、磷酸缓冲液（pH6.8）、生理盐水。

三、实验内容

（一）微量全血培养

1. 原理

人体外周血中淋巴细胞是成熟的免疫细胞，正常情况下处于 G_0 期，不再增殖。PHA（phytohemagglutinin，植物血凝素）是人和其他动物淋巴细胞的有丝分裂刺激剂，它能使处于 G_0 期的淋巴细胞转化为淋巴母细胞，进入细胞周期开始旺盛的有丝分裂。

人体微量全血培养是一种简单的淋巴细胞培养方法。此法采血量少、操作简便，在 PHA 作用下进行短期培养即可获丰富的、有丝分裂活跃的淋巴母细胞，适于制备核型标本。各种因素的效应（如病毒、电离辐射、化学药剂等）也可在淋巴细胞的培养条件下进行观察，从而进行多种在体内无法进行的研究。因此它是细胞生物学、遗传学及其他学科研究中的一种有效方法。

2. 操作

（1）打开超净台紫外灯，照射灭菌20～30min。洗手并更换洁净白大衣后进入操作室。启动超净台，点燃酒精灯。用75%酒精棉球擦洗手、各种试剂瓶及操作台面，然后将培养液及肝素、PHA、秋水仙素等所需溶液移入超净台。

（2）在超净台内将每个培养瓶装入5mL培养液及0.2mLPHA溶液，封好备用。

（3）用5mL注射器，7号针头，先吸取少许肝素湿润针筒，然后从肘静脉抽血1～2mL。每个培养瓶接种全血0.2mL左右，轻轻摇动使血和培养液混匀。

（4）在培养瓶上标记好供血者姓名、性别、采血日期等，放入培养箱中37℃培养。每天轻轻震荡培养瓶两三次，防止血球沉积并保证血细胞与培养液充分接触，促进细胞生长繁殖。

（二）人淋巴细胞染色体标本制备

1. 原理

在淋巴母细胞分裂高峰时加入秋水仙素，破坏细胞纺锤体的形成，使细胞停止在分裂中期。然后收集细胞，低渗处理，使细胞胀大，染色体伸展。接着进行固定并除去中期分裂相中残存的蛋白质，使染色体清晰且分散良好，再结合离心技术去掉红细胞碎片，然后采用空气干燥法制片获得中期染色体标本。

2. 操作

（1）微量全血细胞培养至68h，用1mL注射器、7号针头向每个5mL培养瓶内加2滴秋水仙素溶液，摇匀后继续培养3h，此项操作不需要严格无菌。

（2）按时终止培养，用吸管温和吹打成细胞悬液后，移至10mL离心管中。用天平平衡后以1000rpm离心8min，弃大部分上清，剩余0.5mL，再吹打成细胞悬液，加入预热37℃的0.075mol/L的KCl溶液9mL，置37℃水浴中低渗处理30min（这期间配制3:1甲醇-冰醋酸固定液）。

（3）向离心管中加入1mL固定液，混匀，进行细胞的预固定。平衡后以1000rpm离心8min，同样剩余0.5mL上清。

（4）轻轻将细胞吹成悬液，加5～6mL固定液，室温下固定30min。然后离心，弃上清，重复固定一次。再离心，留0.1～0.2mL上清，吹打成细胞悬液。

（5）吸取1～2滴悬液，在距载玻片约15cm高度滴于预冷的干净载玻片上，迅速对准细胞吹气促进染色体分散。斜放载玻片，在空气中晾干（此期间配制Giemsa染液：Giemsa原液与磷酸缓冲液比例为1:10）。

（6）将标本正面朝下放在染色槽中，加入染液染色10min，自来水冲洗，晾干后观察。

3. 结果

低倍镜下，制片质量较好的标本上可看到有较多的分裂相，染色体之间分散良好，互不重叠。

油镜下观察可见，每一条染色体都含有两条染色单体，两条单体在着丝粒处相连。分区计数染色体数目并判定性别，或拍照后进行核型分析。

（三）肿瘤细胞的染色体标本制备

1. 原理

利用肿瘤细胞无限繁殖的特点，掌握其体外生长动态，取处于对数生长期的细胞便可获得丰富的分裂相。肿瘤细胞染色体异常包括两个方面：

（1）结构异常：在肿瘤细胞常出现的染色体畸变，包括双着丝粒染色体、环状染色体、断裂染色体、染色体裂隙及微小体的出现等。

（2）数目异常：由于肿瘤细胞分裂失去应有的调控，可出现亚二倍体、超二倍体和多倍体数目异常现象。

肿瘤细胞染色体制备技术在细胞生物学、医学遗传学的基础研究和临床诊断、愈后观察等方面均有广泛用途。

2. 操作

（1）以 1.6×10^5 个 /mL 细胞浓度将 FL-60 细胞接种于培养瓶内，48 小时后以终浓度为 0.04μg/mL 的秋水仙素处理 2.5min，移入 10mL 离心管。其余步骤与淋巴细胞染色体标本制备相同。

（2）将长成单层的 HeLa 细胞按 1：2 比例进行传代培养，36 小时后用终浓度为 0.04μg/mL 的秋水仙素处理 3h。按时终止培养，用 0.25％胰蛋白酶 –0.02％ EDTA 混合消化液处理单层细胞，待细胞收缩变圆时，弃去消化液。加入少许低渗液将细胞从瓶壁洗脱，移入 10mL 离心管，加入预热37℃的低渗液至 5 ～ 6mL，在 37℃培养箱处理 25min。以下步骤同淋巴细胞染色体标本制备。

3. 结果

计数 HeLa 细胞和 HL-60 细胞的染色体数并寻找是否有畸变的染色体。

附：人类染色体常规核型的分析

1. 人类染色体的观察

取制备较好的染色体玻片标本，先在低倍镜下观察。在标本中选择一个染色体之间分散较好、互不重叠的中期分裂相置于视野中央，然后换油镜仔细观察。每个染色体都含有两条染色单体，两单体连接处为着丝粒。计数时要把分散的染色体划分为几个区域以免计数重复或遗漏，然后计数并判定性别。

2. 核型分析的方法

人体染色体常规核型的分析，在今天的染色体研究水平上作为染色体结构异常的疾病诊断已经失去意义，但对染色体数目异常仍具有诊断上的价值，尤其是起着分析其他几种显带核型的桥梁作用。通过常规核型的分析必须掌握以下 3 点：①正确分组。②了解各组染色体的基本形态特征。③正确统计染色体数目和鉴定性别。

人体染色体的常规核型即按照美国 Denver 会议（1960 年）提出的染色体命名和分类标准，将人类体细胞的 46 条染色体按大小、着丝点的位置分成 7 组（A、B、C、D、E、F、G）（表 10-1）。

表 10-1　人类染色体正常核型

组号	染色体号	形态	着丝粒位置	随体	副缢痕	鉴别程度
A	1～3	最大	1、3 中央；2 近中	无	1 号少见	易
B	4～5	次大	亚中	无	少见	不易
C	6～12（+X）	中等	亚中	无	9 号常见	难
D	13～15	中等	近端	有	少见	难
E	16～18	小	16 中央；17、18 亚中	无	16 号少见	中等
F	19～20	次小	中央	无	少见	不易
G	21～22（+Y）	最小	近端	21、22 有；Y 无	少见	难

7 组染色体的基本形态特征及分析顺序是：

A 组是 7 组染色体中最大的一组，首先找出它。A 组包括 3 对，即第 1～3 号共 6 条染色体，第 1 号为最大、中央着丝点染色体，长臂近侧有次缢痕；第 2 号次之，着丝点略偏离中央；第 3 号相对最短，为中央着丝点染色体。

然后确定 B 组：B 组两对即第 4～5 号 4 条染色体，较大，均为亚中着丝点，两者不易区分开。

接下来确定 D 组和 G 组：D 组三对即第 13～15 号 6 条染色体，中等大小，均为近端着丝点，短臂末端有随体。G 组两对即第 21～22 号 4 条染色体，是最小的一组，均为近端着丝点，短臂末端有随体，长臂常呈分叉状，21 号稍小于 22 号。Y 染色体隶属于该组，短臂无随体，一般较 21、22 号稍大。

继续确定 F 组：F 组两对即第 19～20 号 4 条染色体，染色体比 G 组稍大，均为中央着丝点。

确定 E 组：E 组三对即第 16～18 号 6 条染色体，较小，第 16 号是中央着丝点，17、18 号是亚中着丝点。

余者为 C 组：C 组 7 对即第 6～12 号 14 条染色体，按大小顺序依次排列，均是亚中着丝点；X 染色体隶属于该组，大小居 6～7 号间，是亚中着丝点。

上述人的常规核型中，1～22 号为常染色体，男女共有；另一对为性染色体，决定性别，男性为 XY，女性为 XX。人的正常核型写法：男 46，XY；女 46，XX。

实验十一 ▷▷▷▷
....

细胞融合

一、目的要求

1. 掌握细胞融合的原理和细胞融合率的计算方法。
2. 熟悉利用聚乙二醇介导的化学方法促进细胞融合的具体操作步骤。
3. 了解细胞融合技术在中医药研究中的应用。

二、实验原理

细胞融合（cell fusion）也称为体细胞杂交（somatic hybridization），是指在自然条件下或利用人工诱导的方法使两个或两个以上的细胞合并形成一个细胞的过程（图 11-1）。人工诱导的细胞融合即细胞融合技术，是 20 世纪 60 年代建立并发展的一种重要的细胞生物学技术，已成为在细胞水平上改造生物体遗传特性的主要手段，不仅可以实现同种细胞的融合，也可进行动物与植物、人与动植物等远缘物种之间的细胞融合，使远缘杂交培育具有全新遗传特性的细胞或物种成为可能。该技术已经广泛应用于细胞生物学、细胞遗传学、生物工程学、免疫学、植物育种和基础医学等许多领域，获得 1984 年诺贝尔生理学或医学奖的单克隆抗体技术（杂交瘤技术）便是细胞融合技术应用的典范。目前已建立的人工诱导细胞融合的方法有三种，分别是生物方法（如病毒诱导融合法）、化学方法（如聚乙二醇诱导融合法）、物理方法（如电激诱导融合法）。

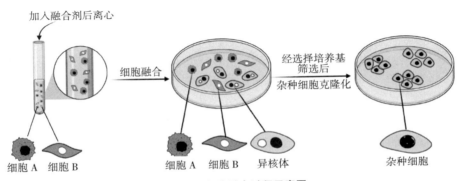

图 11-1　细胞融合过程示意图

在自然条件下，动植物的体细胞之间发生融合的概率很低，而通过人工诱导的方法便可大幅度提高细胞间的融合率。1958 年日本细胞学家 Okada 发现利用紫外线灭活的仙台病毒可稳定地诱导艾氏腹水瘤细胞彼此融合。随后，Harris 利用灭活仙台病毒成功地诱导多种动物体细胞发生融合并保持活性，从而建立了细胞融合技术。病毒诱导细胞融合的原理是，病毒的蛋白质外壳可与动物细胞膜上的特殊受体结合从而吸附细胞。除仙台病毒外，其他多种病毒，如疱疹病毒、牛痘病毒、麻疹病毒和副流感病毒等都可诱导细胞的融合。病毒诱导方法适合于各种动物细胞的融合，而且可以产生较高的细胞融合率，但病毒的制备、保存与防护等操作比较烦琐，而且病毒对融合细胞的生命活动可能产生影响，所以这种方法已很少使用。

1974 年，加拿大华裔科学家高国楠发现化学物质聚乙二醇（polyethylene glycol，PEG）在钙离子存在时能促使植物原生质体融合，次年英国细胞学家 Pontecorvo 利用 PEG 成功诱导哺乳动物细胞发生融合并产生有活性的杂交细胞。由于 PEG 具有使用方便、价格低廉和融合效果稳定等特点，于是 PEG 作为化学促融剂逐渐取代生物促融剂仙台病毒，成为细胞融合实验的核心试剂。作为一种高分子化合物，PEG 可分为各种不同分子质量的类型，600 ~ 6000kDa 的 PEG 均可作为细胞的促融剂。研究结果表明，细胞的融合率与 PEG 的分子量及浓度成正比；但 PEG 对细胞具有一定毒性，PEG 的分子量越大、浓度越高，产生的细胞毒性越大。因此，在细胞融合实验中一般使用分子量为 1000 ~ 4000 的 PEG，而常用的 PEG 浓度为 20% ~ 50%。实验研究还发现，PEG 处理时间越长，细胞融合效果越好，但产生的细胞毒害也越大。PEG 的处理时间一般控制在 1min 以内。另外，PEG 的酸碱度也会影响细胞融合率，pH 在 8.0 ~ 8.2 融合效果最好。

对于 PEG 诱导细胞融合的机理尚未完全定论，一般认为，PEG 可与细胞膜附近的水分子结合使细胞表面的极性降低，从而改变细胞膜的结构，导致相邻细胞间相互接触部位的膜脂双层中的磷脂分子发生疏散与重排，再加上相邻细胞膜脂双层的相互亲和，重排质膜在修复时的相互合并，使相邻细胞的胞质沟通，最终实现细胞间的融合。

1981 年德国学者 Zimmermann 等建立了全新的细胞融合技术——电激诱导融合法。该方法的基本原理是，依靠强电场瞬时作用细胞，使细胞膜产生可逆性的电击穿，从而促使彼此接触细胞的质膜发生融合，最终实现细胞的融合。电击诱导法具有融合效率高、可控性好、无化学毒性及对细胞损伤小等特点，但需要配备较昂贵的细胞电融合仪。

随着细胞生物学技术的发展和渗透，细胞融合技术在中医药学研究的某些领域具有重要的应用前景。可以运用该技术进行中草药植物的快速育种，实现某种药用植物不同品种之间或不同物种间的杂交，从而提高药用植物中有效成分的含量，并使其获得生长快、外观好等优良遗传性状。

本实验将利用较高分子量的 PEG（MW4000）诱导鸡红细胞发生融合。利用鸡红细胞进行细胞融合的实验有很多优点。首先，鸡红细胞体积较大、具有单个细胞核，可在光镜下通过观察细胞中核的数目来鉴别发生融合的细胞。另外，实验材料鸡血容易获得，价格便宜。

三、实验用品

1. 材料

鸡红细胞。

2. 器材

普通显微镜、低速离心机、恒温水浴箱、注射器、刻度离心管、塑料吸管、玻璃试管、载玻片、盖玻片、酒精灯。

3. 试剂

50% PEG（MW=4000）溶液、Hanks 溶液（pH7.4）、0.85%NaCl 溶液、Alsever 溶液。

4. 试剂的配制

（1）50%PEG 溶液（现用现配）：用天平称取 10gPEG（MW=4000）放入 15mL 试管内，在酒精灯上将其加热熔化，待冷却至 50 ～ 60℃时，加入 10mL 已预热至 50℃的 Hanks 溶液并充分混匀。如在配制过程中 PEG 发生凝固，可重新加热使其熔化。用 5.6% 的 $NaHCO_3$ 溶液调节 pH 值至 7.2 ～ 7.4，置 4℃保存备用，临用前预温至 37℃。

（2）Alsever 溶液：葡萄糖（Glucose）2.0g、柠檬酸钠 0.80g、氯化钠 0.42g，加双蒸水至 100mL 进行溶解，充分混匀。

（3）Hanks 溶液：分别将 NaCl 8.0g、KCl 0.40g、$CaCl_2$ 0.14g、$MgSO_4 \cdot 7H_2O$ 0.20g、Na_2HPO_4 0.06g、H_2O KH_2PO_4 0.06g、$NaHCO_3$ 0.35g、葡萄糖 1.00g、酚红 0.02g 溶于 900mL 双蒸水中，定容至 1000mL，分装于 200mL 试剂瓶，10 磅高压蒸气灭菌 15min，临用前用无菌的 5.6%$NaHCO_3$ 调 pH 至 7.2 ～ 7.6。

5. 鸡血的处理

取 20mL 左右的鸡血注入含有一滴肝素钠溶液的烧杯中，混匀抗凝，加入 60mL Alsever 溶液（血细胞保存液）混匀，配成 1:3 的细胞悬液，可置于 4℃冰箱中保存一周左右。

四、实验操作

1. 洗涤细胞

取 1mL 鸡血细胞悬液放入刻度 10mL 离心管中，加入 4mL0.85% NaCl 溶液，混匀后离心 3min（1000r/min），弃去上清液；以相同方法重复洗涤细胞一次；最后用 4mLHanks 溶液洗涤细胞一次，离心后弃上清，留下鸡红细胞沉淀。

2. 制备 10% 细胞悬液

在刻度离心管的细胞沉淀中加入 9 倍体积的 Hanks 溶液，混匀细胞，制成 10% 的鸡红细胞悬液。

3. 进行细胞融合

（1）取 10% 的鸡红细胞悬液 1mL 放入离心管中，置 37℃水浴箱中预温，同时也将 50% PEG 溶液预温至 37℃。

（2）在 37℃恒温条件下，沿着离心管壁向 1mL 鸡红细胞悬液中缓慢逐滴加入

0.5mL 已预温好的 PEG 溶液，边加边摇晃离心管使 PEG 与红细胞混合均匀，该部操作应控制在 1min 内完成。然后将离心管在 37℃水浴中静置 5～10min，使管中的鸡红细胞在 PEG 的诱导下发生融合。

4. 终止反应

（1）在离心管中缓慢滴加 9mLHanks 溶液，边加边摇晃混合，以终止 PEG 的作用。在 37℃水浴中继续静置 5～10min。

（2）从水浴中取出离心管，离心 3min（1000r/min），弃去上清。

5. 制片和染色

用手指弹击离心管底，使细胞沉淀松散开来，加入少量 Hanks 溶液，用吸管吹打混匀成细胞悬液；吸取少许细胞悬液滴在洁净的在玻片上，推片制备鸡红细胞的涂片；手握玻片的一端在空气中快速挥动使涂片干燥；将涂片浸入甲醇或乙醇中固定 5min，取出晾干后用 Giemsa 染液染色 3～5min；在自来水的细水下冲去染液，在空气中晾干后在显微镜下观察细胞融合的情况。

五、结果观察

在显微镜下，可见鸡红细胞的形态为椭圆形，单个细胞核，橄榄形，位于细胞的中央。在视野中除了未发生融合的正常单核细胞外还可观察到两个细胞发生融合后的双核细胞（称为异核体细胞，图 11-2），以及多细胞相互融合后形成的多核细胞（较少见）。

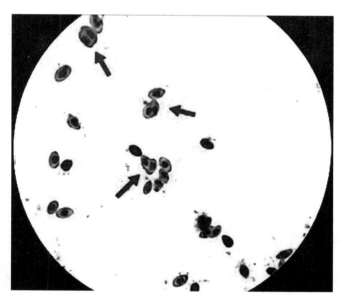

图 11-2　鸡红细胞的融合

在高倍镜下随机观察 200 个鸡红细胞，计数其中融合细胞的细胞核数目和所观察的 200 个细胞中的细胞核总数，按下列公式计算细胞的融合率。融合率＝融合细胞的细胞核数 / 总细胞核数 ×100%。

六、作业与思考

1. 在实验报告单上绘出你所观察到的融合细胞的形态,并计算细胞融合率。
2. 在 PEG 诱导的鸡红细胞融合实验操作中,应该注意哪些事项?
3. 细胞融合技术主要分几种类型?各有何优点和不足?
4. 影响 PEG 细胞融合方法的主要因素有哪些?
5. 中草药植物的细胞融合能否应用本实验中所采用的 PEG 诱导方法?为什么?

实验十二 ▷▷▷▷
·····················

提前凝集染色体标本的制备与观察

一、目的要求

1. 掌握提前凝集染色体标本的制备技术原理。
2. 熟悉利用细胞融合方法制备提前凝集染色体标本的操作步骤。
3. 了解提前凝集染色体标本的制备技术在生物医学研究中的应用。

二、实验原理

提前凝集染色体（prematurely condensed chromosome，PCC）也称早熟凝集染色体，是将间期细胞与分裂期的细胞进行融合后在融合细胞中出现的一种不同于分裂期染色体的特殊染色体，由间期细胞中的染色质提早螺旋化而成，在形态结构上不同于正常的分裂期染色体。提前凝集染色体制备技术由美国科罗拉多大学的 Rao 等人在 1970 年建立，他们利用仙台病毒诱导的细胞融合技术将分裂的 HeLa 细胞与间期的 HeLa 细胞实现了融合，并利用染色体制备技术成功制备出 HeLa 细胞的 PCC。所以，PCC 技术是在细胞融合与染色体制备的基础上建立起来的细胞生物学技术。

细胞的增殖周期简称细胞周期（cell cycle），由间期（Ⅰ期）和分裂期（M 期）两大阶段构成，间期又分为 G_1 期、S 期和 G_2 期三个时相。对于间期细胞而言，遗传物质的形式为纤维状的染色质，当其与 M 期的细胞融合后之所以能形成细棒状的染色体，关键是 M 期的细胞中含有促进染色质凝集、染色体形成的物质——有丝分裂促进因子（M phase-promoting factor，MPF），也称成熟促进因子（maturation promoting factor，MPF），无种属特异性。当 M 期细胞融合间期细胞后，其中的 MPF 便可诱导间期细胞的核膜破裂、染色质提前凝集成 PCC 或称间期染色体，这种现象也可称为染色体的提前凝集。由于间期细胞有 G_1、S、G_2 三种不同时相，而不同时相的细胞中染色质数目或 DNA 的倍性不同，故 M 期细胞与三种不同时相的间期细胞融合后可诱导产生三种不同形态特点的 PCC。G_1 期细胞还未进行 DNA 的复制，与 M 期细胞融合后产生的 G_1-PCC 为单股线状染色体，细长呈蓬松线团状分布，着色较浅；S 期细胞正在进行 DNA 复制，由于染色质纤维上的多个复制单位不会同步启动，在光镜无法看到解螺旋后正在复制的染色质区段，而只能观察到那些尚未进行复制或复制后又重新凝集的区段，使得

S 期的 PCC 呈现出粉碎颗粒状的形态；电镜观察证实 S–PCC 中的颗粒是染色质螺旋化程度高的部位，另有纤细的染色质丝将颗粒结构彼此相连。G_2 期细胞已完成了 DNA 的复制，故 G_2–PCC 包含有两条染色体单体，在形态上比较类似于 M 期染色体，但螺旋化程度较低，细长色浅（图 12–1）。

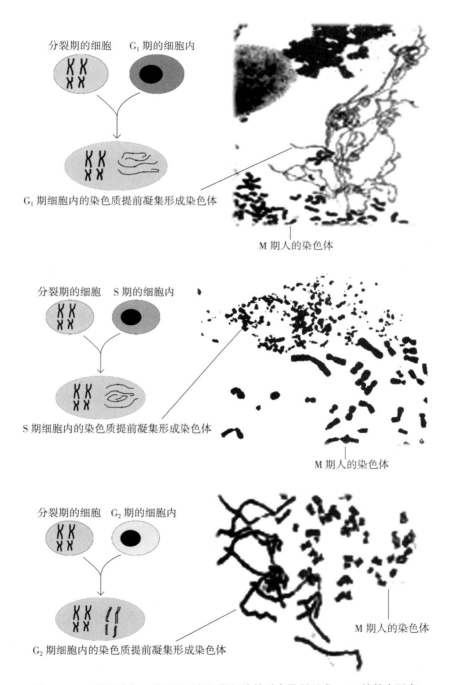

图 12-1　M 期细胞与三种不同时相间期细胞的融合及所形成 PCC 的基本形态

　　研究结果表明，间期细胞的 PCC 不仅可由同类的 M 期细胞诱导产生，也可由不同类的 M 期细胞诱导产生，例如用处在 M 期的人宫颈癌 HeLa 细胞可诱导斑马鱼的间期细胞产生 PCC，这也证实了 M 期细胞中的成熟促进因子的作用无种属特异性。

　　PCC 技术作为一种独特的细胞遗传学研究方法可应用于染色体微细结构分析、细胞周期中染色体行为分析、高分辨染色体的制备与基因定位、间期染色体损伤及修复效应的研究等生命科学的许多领域。在临床上，也可用于白血病等血液病的化疗效果监测及预后评估等方面。

　　本实验将利用 HeLa 细胞（图 12-2）（人宫颈癌上皮细胞，海拉细胞）为材料进行细胞融合。HeLa 细胞是世界上最著名的细胞，也是应用最广的细胞株。由美国细胞学家 Gey 等人在 1951 从一位宫颈癌患者的癌组织中分离培养出来的一种细胞株。HeLa 细胞具有生活力强、繁殖迅速、容易培养等多种优点，被提供给了世界各地的研究机构，广泛应用于细胞生物学研究、癌症研究和抗癌药物的研发等多个领域。HeLa 细胞已经成为生物医学研究中十分重要的材料和工具。迄今已有 5 项基于 HeLa 细胞的研究成果获得了诺贝尔生理学或医学奖。

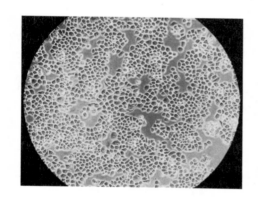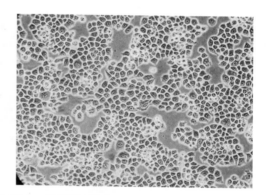

图 12-2　培养中的 HeLa 细胞（400×，自赵刚实验室，2008）

三、实验用品

1. 材料

HeLa 细胞。

2. 器材

普通显微镜、低速离心机、恒温水浴箱、移液器（5mL、1mL）、培养瓶（T25 型塑料瓶）、注射器、刻度离心管、塑料吸管、玻璃试管、试管架、冷冻载玻片、盖玻片、酒精灯、染色缸、废液缸、擦镜纸、记号笔、标签纸。

3. 试剂

RPMI-1640 培养液（9% 小牛血清）、10μg/mL 秋水仙素溶液、50% 聚乙二醇（PEG，MW=4000）溶液、Hanks 溶液（pH7.4）、0.85% NaCl 溶液、0.075mol/L KCl 溶液（低渗液）、甲醇（或乙醇）、冰乙酸 17.4mol/L、磷酸缓冲液（PBS）、Giemsa 染液。

4. 试剂的配制

（1）RPMI-1640 培养液（9% 小牛血清）：准备 RPMI-1640 液体培养基（500mL 包装）和小牛血清（100mL 包装）各一瓶，在超净工作台中按无菌操作将 100mL 血清直接倒入 500mL 液体培养基中，盖上瓶盖，上下颠倒培养基的包装瓶使血清与 1640 培养基混合均匀，制成血清含量为 9% 左右的 1640 完全培养液。必要时加入双抗，使青霉素和链霉素的终浓度各为 100U/mL，4℃保存备用。

（2）50% PEG 溶液（现配现用）：用天平称取 10gPEG（MW=4000）放入 15mL 试管内，在酒精灯上将其加热熔化，待冷却至 50 ～ 60℃时，加入 10mL 已预热至 50℃的 Hanks 溶液并充分混匀。如在配制过程中 PEG 发生凝固，可重新加热使其熔化。用 5.6% 的 $NaHCO_3$ 溶液调节 pH 至 7.2 ～ 7.4，置 4℃保存备用，临用前预温至 37℃。

（3）Hanks 溶液：分别将 8g NaCl、0.4g KCl、0.2g $MgSO_4 \cdot 7H_2O$、0.14g $CaCl_2$、0.06g $Na_2HPO_4 \cdot 2H_2O$、0.06g KH_2PO_4、1g D–Glucose、0.35g $NaHCO_3$、0.02g 酚红溶于 900mL 双蒸水中，定容至 1000mL，分装于 200mL 试剂瓶，过滤除菌，临用前用无菌的 5.6% $NaHCO_3$ 调 pH 值至 7.0 ～ 7.4。

四、实验操作

1. 制备 M 期 HeLa 细胞

（1）在 T25 型培养瓶中常规培养 HeLa 细胞，待细胞进入对数生长期时，向培养液中加入终浓度为 0.05μg/mL 的秋水仙素，继续培养 3 ～ 4h，使大量细胞被阻断于 M 期，通过这样的人工干预实现细胞生长的同步化。

（2）取一瓶经秋水仙素处理好的 HeLa 细胞，倒去培养液，加入 Hanks 溶液 5mL，沿水平方向反复振摇培养瓶，使处在 M 期的细胞被 Hanks 溶液从瓶壁上冲刷下来，也可使用移液管吸取瓶内的 Hanks 溶液冲洗细胞层，使 M 期细胞脱落下来。原因是 M 期细胞与瓶壁的接触面减少，呈球形，相对容易脱壁。吸出含有游离 M 期细胞的 Hanks 溶液，转入离心管，取少许进行细胞计数，调整细胞密度，备用。

2. 准备 I 期 HeLa 细胞

在收集过 M 期细胞后剩下有贴壁 HeLa 细胞的培养瓶中（或另取一瓶处于对数生长期的 HeLa 细胞），加入 0.25% 胰酶消化液 1mL，加盖，沿水平方向振摇使胰酶分散均匀，置 37℃培养箱或放在手心进行消化处理 1min 左右，弃去消化液，然后加入 5mL Hanks 溶液，用 5mL 长吸头反复吹打培养瓶底部，使细胞脱落下来，制成细胞悬液，计数后保存备用。

3. 细胞融合

（1）在 10mL 离心管中，将制备好的 M 期和 I 期细胞按 1:1 的比例混合，以 1000r/min 离心 5min，小心倒去上清液，将离心管倒置在滤纸或卫生纸上吸尽残留的液体（残留的液体会影响细胞融合），然后用手指轻弹离心管底部使细胞沉淀散开，变成浓的细胞悬液。

（2）将离心管浸入 37℃水浴箱中预热，随即缓慢逐滴加入 0.5 ～ 1mL 37℃预热的

50% PEG 溶液，边加边摇晃离心管，使 PEG 与细胞混合均匀，该步操作应控制在 90s 内完成。然后迅速加入 8mL 左右无血清 1640 培养液，混匀，以稀释融合体系中的 PEG 中止其作用，在 37℃水浴中继续温育 5min。

（3）将离心管放入离心机，以 1000r/min 离心 5min，弃去上清液，轻弹管底使细胞沉淀散开，然后再加入无血清 1640 培养液（洗涤细胞），混匀后 1000r/min 离心 5min，弃去上清液。可重复操作一次，以充分除去 PEG。用手指轻弹离心管底部使细胞沉淀散开。

（4）在离心管中加入 5mL 含 9% 小牛血清的 1640 培养液，小心吹打混匀，置 37℃水浴箱温育细胞 30 ～ 60min。

4.PCC 标本制备

（1）离心：温育结束后进行离心（1000r/min，5min），弃去上清液，用手指轻弹离心管底部使细胞沉淀散开。

（2）低渗：加入 8mL 低渗液（0.075mol/L KCl），混匀，置 37℃水浴中 15 ～ 20min。

（3）预固定：加入 1mL 固定液（乙醇－冰乙酸 3:1 混合液），混匀使低渗过程终止。离心（1000r/min，5min）去上清液，用手指轻弹离心管底部使细胞沉淀散开。

（4）固定：加入 5mL 固定液（乙醇－冰乙酸 3:1 混合液），混匀，室温下静置 10 ～ 20min。离心（1000r/min，5min）去上清液，用手指轻弹离心管底部使细胞沉淀散开。

（5）制片：加入 0.2mL 左右的固定液，用吸管轻轻混合成细胞悬液。吸取少许细胞悬液滴在带冰水的玻片上，对着玻片上的细胞悬液吹一口长气使细胞悬液均匀分散在玻片上。手握玻片的一端，用力甩去玻片上多余的液体，并在空气中快速挥动使玻片干燥。

（6）染色：将制好的 PCC 标本片用 Giemsa 染液（原液 1 份加 9 份 pH6.8 的 PBS 混合）染色 3min，在自来水的细水下冲去染液，甩去多余的液体，快速挥动使玻片干燥。

五、结果观察

先在显微镜的低倍镜下，浏览整张 PCC 标本片。可见到不同状态的 HeLa 细胞，未发生融合的间期细胞、未融合的 M 期细胞（图 12-3）、已发生融合的间期细胞、含有 G_1-PCC 的 M 期细胞、含有 S-PCC 的 M 期细胞和含有 G_2-PCC 的 M 期细胞（图 12-4）。然后选择不同时相的 PCC，转换高倍镜或油镜进一步观察。对照图 12-1 中各时相 PCC 的特征，仔细观察所制备 PCC 标本的基本形态，正确区分不同时期的 PCC。

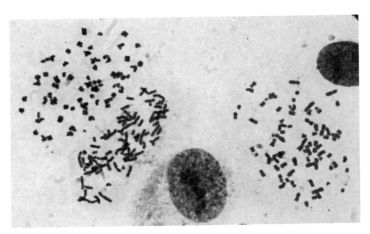

图 12-3 处于 M 期与间期的 HeLa 细胞（赵刚 陈戟，2005）

图 12-4 不同时相细胞与 M 期细胞融合后形成的 PCC

a：G₁-PCC：尚未进行 DNA 复制，为单线染色体，呈蓬松的线团状分布，着色较浅。

b：S-PCC：正在进行多点 DNA 复制，复制后的部分着色较深，以双线染色体片段形式存在，故呈粉碎颗粒状。

c：G₂-PCC：DNA 复制完毕，形成的 PCC 为双线染色体，呈典型棒状，但比 M 期染色体明显细长。

六、作业与思考

1. 在实验报告单上绘出所观察到的 PCC。

2. 在 PCC 制备实验操作中，应该注意哪些主要问题？

3. HeLa 细胞 G₁ 期染色质与 M 期染色体在结构上的关系如何？

4. G₁-PCC、S-PCC 和 G₂-PCC 在结构上有何区别？

5. PCC 技术在何科学研究中有何应用价值？

实验十三 ▷▷▷▷

培养细胞的形态观察和细胞计数

一、实验目的

了解体外培养细胞的一般形态特征和生长状态；掌握培养细胞计数的基本方法。

二、实验用品

1. 材料和标本

体外培养中的 HeLa 细胞（子宫颈癌细胞）、NIH3T3 细胞（小鼠成纤维细胞）和 HL-60 细胞（人白血病细胞）。

2. 器材和仪器

CO_2 恒温培养箱、超净工作台、倒置显微镜、普通光学显微镜、细胞计数板、乳头吸管、盖玻片、培养瓶、酒精灯。

3. 试剂

含 10% 小牛血清的细胞培养液（RPMI-1640 或 DMEM）、0.3% 台盼蓝染液、0.25% 胰蛋白酶消化液。

三、实验内容

（一）培养细胞的形态观察

1. 原理

体外培养细胞主要有两种状态：一种是能贴附在培养支持物上的细胞，常表现为成纤维型细胞和上皮细胞样生长，如 NIH3T3 细胞，HeLa 细胞等，称为贴壁型细胞，体外培养细胞大多数属于这种细胞。另一种细胞不贴附于培养支持物上，而是悬浮在培养液中生长，如 HL-60，称为悬浮型细胞，这类细胞主要是血液原性或癌原性细胞，易于增殖，便于进行细胞代谢研究。

2. 操作

（1）将细胞培养瓶盖旋紧，从 37℃ CO_2 培养箱中取出，首先观察细胞培养液的颜色和清澈度。然后，将细胞培养瓶轻放在倒置显微镜的载物台上（注意：不要将瓶倒置，也不要移动幅度过大，使瓶内液体接触瓶塞或流出瓶口，以免污染）。

（2）打开倒置显微镜光源，通过双筒目镜用粗调螺旋将视野调到合适的亮度。

（3）调整载物台的高度对焦，先用低倍物镜观察到细胞层，再用细调螺旋将物像调清楚；然后用高倍镜观察细胞形态，注意观察细胞的轮廓、形状、内部结构及饱满度。在观察细胞密度和形态时，常使用的是 4× 物镜或 10× 物镜；观察内部结构时常用 20× 物镜或 40× 物镜。

3. 结果

判断细胞形态时不能按体内组织学标准判定，当细胞贴附在支持物上后，易失去它们在体内时的原有特征，在形态上表现单一化现象。体外培养的贴壁细胞大致分成以下4型，即上皮细胞型、成纤维细胞型、游走细胞型和多形细胞型。

（1）上皮细胞型：扁平不规则多角形，中央有圆形核，细胞彼此紧密相连成单层膜。生长时呈膜状移动，处于膜边缘的细胞总与膜相连，很少单独行动。起源于内、外胚层的细胞，如皮肤表皮及其衍生物、消化管上皮、肝胰、肺泡上皮等皆成上皮型形态，如 HeLa 细胞（图 13-1）。

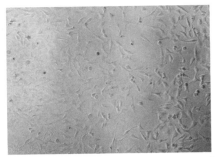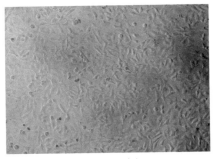

（左侧图片为低密度的 HeLa 细胞，右侧图片为高密度的 HeLa 细胞）

图 13-1 HeLa 细胞在倒置显微镜下的图片

（2）成纤维细胞型：胞体呈梭形或不规则三角形，中央有卵圆形核，胞质向外伸出2 ～ 3 个长短不等的突起，生长排列呈放射状，并且不紧靠连成片。除真正的成纤维细胞外，凡由中胚层间充质起源的组织，如心肌、平滑肌、成骨细胞、血管内皮等呈本型形态，如 MRC-5 细胞（图 13-2）。

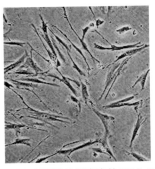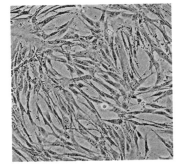

（左侧图片为低密度的 MRC-5 细胞；右侧图片为高密度的 MRC-5 细胞）

图 13-2 MRC-5 细胞在倒置显微镜下图片

（3）游走细胞型：在支持物上常呈散在生长，不连成片，胞质突起，呈活跃游走或变形运动，方向不规则。此型细胞不稳定，有时难以和其他细胞相区别。

（4）多形细胞型：有一些细胞，如神经细胞，难以确定其规律和稳定的形态，可归于此类。

悬浮细胞主要是培养时不贴附于底物而呈悬浮状态生长，细胞圆形，单个或小细胞团，如 HL-60/S4 细胞（图 13-3）

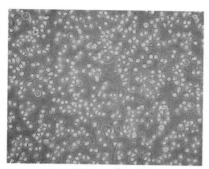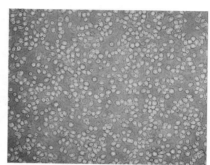

（左侧图片为低密度的 HL-60/S4 细胞；右侧图片为高密度的 HL-60/S4 细胞）

图 13-3　HL-60/S4 细胞在倒置显微镜下的图片

贴壁细胞生长状态良好时，细胞内的颗粒少，且看不到空泡，细胞边缘清楚，培养基内看不到悬浮的细胞和碎片或较少，培养液清澈透明，而当细胞内颗粒较多，空泡多时，培养液透明度差，表明生长较差。当培养液浑浊时，应想到细菌或真菌污染的可能，应该尽快采取措施；悬浮细胞缘清楚，透明发亮时，生长较好；反之，则较差或已死亡。

培养基内 pH 指示剂酚红的颜色变化，可以间接地表明细胞的生长状态。如呈橙黄色时，表明细胞一般生长状态较好；呈淡黄色时，则可能是培养时间过长，死亡细胞过多；呈紫红色，则可能是细胞生长状态不好，或已死亡。一种细胞在培养瓶中的形态在比较稳定的条件下基本是一致，但随着 pH 值、温度、营养、生长周期而有所改变。在贴壁细胞培养中，镜下折光率高，圆而发亮的为分裂期细胞，重叠生长的为肿瘤细胞。

（二）培养细胞的计数

在细胞生物学实验中，一般要进行培养细胞的计数、调整细胞的密度，并进一步进行相关的实验研究。

1. 原理

细胞计数是当待测细胞悬液中细胞均匀分布时，通过利用细胞计数板（血球计数板）测定一定体积悬液中的细胞数目，即可换算出每毫升细胞悬液中的细胞数目。

细胞计数板（图 13-4）一般有两个计数室，每个计数室中细刻 9 个 $1mm^2$ 大正方形，其中 4 个角落的正方形再细刻 16 个小格，深度均为 0.1mm（图 13-5）。当计数室上方盖上盖玻片后，每个大正方形的体积为 $1mm^2 \times 0.1mm = 1.0 \times 10^{-4}mL$。使用时，计数每个大正方形内的细胞数目，乘以稀释倍数，再乘以 10^4，即为每 mL 中的细胞数目。

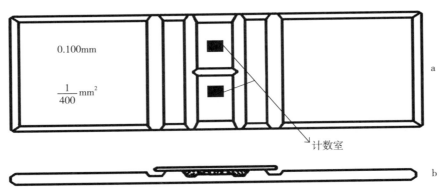

图 13-4　细胞计数板的顶面观（a）和侧面观（b）

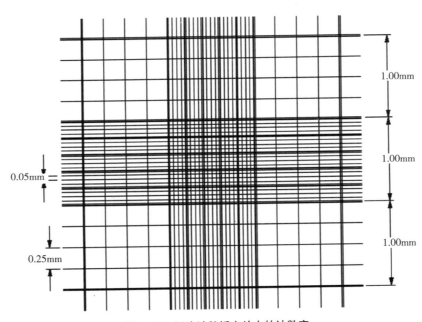

图 13-5　细胞计数板中放大的计数室

2. 操作

（1）从 37℃ CO_2 培养箱中取出培养瓶，将培养瓶中的培养液用移液管吸干净后，加入 0.25％胰蛋白酶消化液 1mL，再放入 37℃ CO_2 培养箱 2min 左右，镜下观察细胞变圆，彼此不相连接为度。

（2）在培养瓶中加入 5mL 10％ 小牛血清的 RPMI-1640 培养液，并轻轻进行吹打，制成单细胞悬液。

（3）滴加 1 滴细胞悬液于放有盖玻片的细胞计数板的斜面上，使液体自然充满计数板的小室，注意不要使小室内产生气泡。

（4）静置 3min 后，在倒置显微镜或普通光学显微镜 10× 物镜下计数 4 个大格内的细胞总数，压线细胞计数原则是计上不计下，计左不计右（或反之）。

3. 结果

按下式进行细胞浓度的计数：

细胞数 /mL 悬液＝（4 大格细胞总数 / 4）×10000× 稀释倍数

注：公式中除以 4 是因为计数了 4 个大格的细胞数。公式中乘以 10^4 因为计数板中每一个大格的体积为 1.0mm（长）×1.0mm（宽）×0.1mm（高）=0.1mm^3，而 1mL=1000mm^3。

进行细胞计数时应力求准确，因此，在科学研究中，往往将计数板的两侧都滴加上细胞悬液，并同时滴加几块计数板（或反复滴加一块计数板几次），最后取多次结果的平均值。

实验十四 ▷▷▷▷

细胞的原代和传代培养

一、实验目的

初步掌握哺乳动物细胞的原代培与传代培养原理及方法，为细胞生物工程在医学上的应用奠定基础。

二、实验用品

1. 材料和标本

昆明种小鼠或 SD 乳鼠（出生 3 ～ 7 天），HeLa 细胞或其他贴壁细胞株。

2. 器材和仪器

CO_2 恒温培养箱、倒置显微镜、超净工作台、手术器械、80 目筛网、100 目筛网、平皿、培养瓶、吸管、离心管、酒精灯、烧杯。

3. 试剂

含有 10% 胎牛血清的 RPMI–1640 培养液、0.01mol/L PBS，0.25% 胰蛋白酶消化液、75% 乙醇。

三、实验内容

（一）原代细胞培养

1. 原理

细胞培养（cell culture）是模拟体内生理环境，将细胞从机体中取出，在无菌，一定营养、O_2 和 CO_2 比例、渗透压、pH 值、温度和湿度条件下，使其生长和发育的方法。近年来，其广泛应用于分子生物学、遗传学、免疫学、肿瘤学、细胞工程、中医药研究等领域，已经成一种重要生物技术。

从动物机体取出的细胞、组织和器官的第一次培养物叫原代或原代培养（primary culture）。将细胞从一个培养瓶转移到另外一个培养瓶即称为传代或传代培养（passage）。原代培养细胞离体时间短，性状与体内相似，适合进行细胞形态结构、细胞分化和药物敏感性等方面的研究。人和动物的大部分组织都可进行培养，一般说来，幼稚状态的组织和细胞，如动物的胚胎、幼仔的脏器等更容易进行原代培养。

2. 操作

大鼠原代肾小管上皮细胞的取材、培养方法

（1）取材

1）取 SD 乳鼠断颈法处死，立即浸入碘伏液中浸泡 5min。

2）将乳鼠转移入超净工作台，腹部正中切口迅速取出肾脏，置于盛有生理盐水的培养皿中，清洗并除去包膜和肾蒂组织。

3）取皮质置于 80 目筛网上，剪碎成 $2mm^3$ 大小组织块，网下放盛有少量生理盐水的培养皿。

4）用玻璃注射器内芯于 80 目筛网上充分研磨组织。

5）收集 80 目筛网下液体转移至 100 目筛网上，用生理盐水冲洗。

6）将 100 目筛网上组织用生理盐水冲洗入另一培养皿中，收集置入离心管中，1500rpm 离心 5min，弃去上清。

（2）消化

1）用 1.5mL0.25% 胰蛋白酶重悬沉淀，37℃温箱中消化 10 ～ 30min。

2）加入 3mL 含有 10% 胎牛血清 RPMI-1640 中止消化，1500 rpm 离心 8min，弃上清。

（3）培养

1）加入约 3mLRPMI-1640 悬浮沉淀，并用吸管充分吹打混匀，使松散的细胞团及组织块更加松散、分离，尽可能使该培养液成为单细胞悬液。进行细胞计数后，接种于培养瓶中。

2）接种于培养瓶后，第一天加入少量培养基，置入 37℃，5%CO_2 培养箱中静置培养。

3）培养过夜后，第二天显微镜下观察并加入足量的培养基，静置培养。

4）培养 72 小时后首次换液，以后每 2 天换液 1 次。

3. 结果

细胞接种后一般几小时内就能贴壁，并开始生长，如接种的细胞密度适宜，5 天到 1 周即可形成单层，一般持续 1 ～ 4 周。

（二）细胞的传代培养

1. 原理

培养细胞的生存环境是培养瓶、培养皿或其他容器，生存空间和营养是有限的。当细胞增殖达到一定密度后，则需要分离出一部分细胞并更新营养液，否则将影响细胞的继续生存，这一过程叫传代（passage 或 subculture）。培养的细胞形成单层融合以后，由于密度过大生存空间不足而引起营养枯竭，将培养的细胞分散，从容器中取出，一般以 1:3 或其他比例转移到另外的容器中进行培养，即为传代培养。

"一代"系指从细胞接种到分离再培养时的一段时间，这已成为体外培养工作中的一种习惯说法，它与细胞倍增一代非同一含义。如某一细胞系为第 168 代细胞，即指该细胞系已传代 168 次。它与倍增的概念不同，在细胞一代中，细胞能倍增 3 ～ 6 次。

体外培养细胞接种后，一代增殖生长过程一般要经过以下 3 个阶段：潜伏期、指数增生期和停滞期，一般细胞实验研究应该安排在指数增生期。

大多数细胞在体外培养有两种状态：一种是贴壁型细胞，一种是悬浮型细胞。这两种不同生长状态的细胞传代方式有所不同：贴壁型细胞采用酶消化传代法，而悬浮型细胞则采用直接传代法或离心传代法，此处主要介绍贴壁型细胞的传代方法。

2. 操作

（1）将长成单层的原代培养细胞或 HeLa 细胞的培养瓶从 CO_2 培养箱中取出，镜下观察细胞状态，生长至对数生长期（细胞融合 80% 以上生长时）可以进行传代培养。

（2）在超净工作台中，移除培养液，加入 5mL 生理盐水，清洗细胞 2 次；然后加入 0.25% 胰蛋白酶 1mL，37℃或室温下，消化 2 ～ 5min，显微镜下观察待细胞变圆时，即可快速加入 10% 小牛血清 RPMI-1640 2mL 终止消化。

（3）用 1mL 吸管反复吹打培养瓶壁上的细胞层，直到全部细胞被吹下，轻轻吹打混匀，并转入离心管，1000r/min，离心 5min，弃上清液。

（4）加入 10% 小牛血清 RPMI-16402mL 吹打混匀，制成单细胞悬液，按照 1:3 或其他比例分装于新的培养瓶中。

（5）将培养瓶置于 37℃ CO_2 培养箱中继续培养。

3. 结果

细胞传代后，每天应对培养细胞进行观察，注意有无污染、培养液的颜色变化情况、细胞贴壁和生长情况等。一般情况，传代后的细胞在 2 小时左右就能附着在培养瓶壁上，3 天左右可在瓶内形成单层，需要再次进行传代。

（三）器材及液体的准备和无菌操作的注意事项

1. 器材和液体的准备

细胞培养用的玻璃器材，如吸管、离心管、枪头等清洗干净以后，泡酸后再用清水冲洗干净，装在铝盒和铁筒中，120℃，2 小时干烤灭菌后备用；手术器材、瓶塞、配制好的 PBS 液用灭菌锅 15 磅，20min 蒸气灭菌；RPMI-1640 培养液、消化液用 0.22μm 除菌过滤器过滤除菌后备用，胎牛血清灭活后分装。

2. 无菌操作的注意事项

在无菌操作中，一定要保持工作区的无菌清洁。为此，在操作前要认真洗手并用 75% 乙醇消毒。操作前将超净工作台紫外消毒 20 ～ 30min。止血钳、镊子等灭菌物品应该事先放于超净工作台，用其备取物品，严禁裸手直接去取。培养瓶要在超净台内才能打开瓶塞，打开后和加塞前瓶口都要在酒精灯上烧一下，打开瓶口后的操作全部都要在超净台内完成。使用的吸管在从消毒的铁筒中取出后要手拿末端，将尖端在火上烧一下，戴上胶皮乳头，然后再去吸取液体。总之，在整个无菌操作过程中都应该在酒精灯的周围进行。

操作完毕后，盖好装各种液体的瓶盖，并用封口膜封好，拿到超净台外。然后将培养瓶放于 37℃ CO_2 培养箱中，旋松瓶盖，继续培养。

实验十五 ▷▷▷▷

酸性磷酸酶的显示方法

一、实验目的

掌握硝酸铅法显示细胞内酸性磷酸酶的化学染色方法；了解硝酸铅法显示细胞内酸性磷酸酶的原理。

二、实验用品

1. 材料

人肝细胞株 L02。

2. 器材

温箱、冰箱、显微镜、盖玻片、吸管。

3. 试剂

冷丙酮、硝酸铅、醋酸钠、蔗糖、3% β－甘油磷酸钠、1% 硫化铵。

4. 硝酸铅孵育液的配制

0.05M 醋酸钠缓冲液（pH5.0）	20mL
硝酸铅	120mg
蔗糖	2.4g
3% β－甘油磷酸钠	10mL

三、实验内容

1. 原理

酸性磷酸酶（acid phosphatase，ACP），在酸性环境下催化醇或酚类磷酸酯的水解，其最佳 pH 值为 4.8 ~ 5.2。酸性磷酸酶广泛分布于机体各组织，以前列腺、肝及脾含量最丰富，还可见于空肠上皮的纹状缘、肾及肾上腺等，主要位于溶酶体内，为溶酶体的标志酶。因此，吞噬细胞胞质内含有丰富的酸性磷酸酶，故在研究溶酶体异常时有意义。

在 pH 值为 5.0 的条件下 ACP 水解其底物 β－甘油磷酸钠，产生 PO_4^{3-}，后者被 Pb^{2+} 直接捕获形成磷酸铅沉淀，但磷酸铅无色，须经硫化铵反应生成棕黑色的硫化铅沉淀。

2. 方法

（1）将培养的细胞爬片的人肝细胞株 L02 在冷丙酮中固定 15 ～ 30min。

（2）细胞爬片自然干燥。

（3）移入硝酸铅孵育液 37℃孵育 30 ～ 60min。

（4）蒸馏水洗 3 次，移入 2%醋酸酸化 1min，蒸馏水快速漂洗。

（5）移入 1%硫化铵 1min，自来水漂洗数次。

（6）常规脱水，树胶封片。

3. 结果

酸性磷酸酶活性结构呈棕黄色至棕黑色。对照：在处理过程中，在作用液中不加入甘油磷酸钠而加入蒸馏水，则呈阴性。

实验十六 ▷▷▷▷
....

电镜生物标本的制备及镜下观察

一、实验目的

1. 熟悉透射电镜生物标本制备方法和观察。
2. 了解透射电镜工作原理。
3. 熟悉扫描电镜标本制备方法和观察。
4. 了解扫描电镜工作原理。

二、实验用品

1. 仪器和器材

JEM1230 透射电子（日电）显微镜、S-450 扫描电子显微镜、超薄切片机（LKB-V型）、临界点干燥仪、JB-3 型离子镀膜机、温箱、手术剪、眼科镊、单面刀片、双面刀片、铜网。

2. 材料和标本

大鼠肝组织和支气管组织。

3. 试剂

3% 戊二醛（0.1mol/L PBS pH7.2 配制）、1% 锇酸（0.1mol/L PBS pH7.2 配制）、0.1mol/L PBS 缓冲液（pH7.2）、各级浓度丙酮、环氧树脂 Epon812、醋酸双氧铀、枸橼酸铅染液、醋酸异戊酯、六甲基二硅氮烷等。

三、实验内容

（一）透射电子显微镜工作原理、标本制备及观察

1. 工作原理

电子显微镜是细胞生物学研究的重要工具，是经加速和聚焦的电子束以较高的速度投射到很薄的样品上并与其中的原子碰撞而改变方向、产生立体角散射。散射角的大小与样品的密度、厚度有关，质量、厚度大者散射角亦大，通过的电子减少，像的亮度较暗；反之，像的亮度较亮。所以，不同质量、厚度的物质就形成明暗不同的影像，透射

电镜分辨率为 $2.0 \sim 2.5\text{A}^0$。

2. 主要结构

电子显微镜由电子光学系统、真空系统和供电系统三大部分组成。

（1）电子光学系统是电镜的主体，对成像和像的质量起着决定作用。它构成电镜的核心部分，自上而下包括电子枪、聚光镜、样品室、物镜、中间镜、投影镜、荧光屏、照相记录装置。

电子枪为电子发射源，由阴极、栅极、阳极组成，当阴极的极细钨丝制成 V 型灯丝被加热至 $2200 \sim 2500℃$ 时就会发射自由电子，阳极接地维持零电位、栅极可控制电子束的大小和强度。由阴极发射的电子，可通过栅极的小孔和电子枪交叉点形成电子束，经 $50 \sim 120\text{kV}$ 的电压加速，变成高速电子流射向位于电子枪下方的聚光镜。

聚光镜的作用是将电子枪射出的电子束聚焦并送至样品室，同时可调控照明强度和照明孔径角。

样品室位于聚光镜之下，它由样品架、样品台和样品移动调节装置组成。样品台可在同一平面上进行横向或纵向移动，样品室用以放置待观察的样品。

物镜位于样品室下方，物镜决定着电镜的分辨率、分辨力和成像质量。物镜是短距透镜，放大率很高，从样品室透射过来的电子，首先由物镜形成放大的电子像，物镜中电流的变化主要用于图像的聚焦。

中间镜是可变倍率的弱透镜。中间镜的作用是将物镜已经放大几十至几百倍的电子像进行二次放大，调节中间镜线圈中的励磁电流，可使电流的总放大率在一千倍至几十万倍的范围内连续改变。

投影镜是高倍率的强透镜，作用是使中间像进一步放大后投射到观察室的荧光屏上。

观察室与其下方的照相装置为电镜的观察记录部分。当来自投影镜的电子像作用于荧光屏时，会激发荧光屏上荧光物质形成肉眼可见的电子显微图像。位于荧光屏下方的数码照相装置可随时拍摄记录下所观察到的图像，通过微机图像分析处理记录下来。

（2）真空系统主要是使镜筒内保持高度真空，电镜真空系统一般采用二级真空泵，前级为机械泵，可将真空度抽到 10^{-2}mmHg（$1\text{mmHg}=1.333 \times 10^{2}\text{Pa}$），后级为油扩散泵，可将真空度继续抽至 10^{-5}mmHg。

（3）供电系统主要是提供稳定的电流，包括灯丝加热电源、电子加速高压电源、透镜励磁电源。常用一、二级稳压装置维持电源的稳定。

3. 透射电镜生物标本的超薄切片（以大鼠肝组织标本为例）

（1）取材：用 10% 水合氯醛以 0.4mL/100g 腹腔注射麻醉大鼠，迅速解剖并暴露肝脏，在即将要取下的肝脏组织上滴加少许 3% 戊二醛固定液，用锋利的手术剪剪取一小块肝组织，放在预冷并盛有碎冰的培养皿盖上，并在组织上滴加 3% 戊二醛固定液，用双面刀片将在滴有 3% 戊二醛固定液中浸泡的肝组织切取 $0.5 \sim 1\text{mm}^3$ 大小的组织块，立即放入盛有 3% 戊二醛固定液 $0 \sim 4℃$ 的标本瓶中进行前固定。

（2）固定：3% 戊二醛固定 $2 \sim 3\text{h}$，用 0.1mol/L PBS 缓冲液（pH7.2）漂洗标本 3

次，每次 30min，入 1% 锇酸固定 1～2h，用 0.1mol/L PBS 缓冲液（pH7.2）洗三次，每次 10～15min，以上均在 0～4℃中操作。

（3）脱水：标本经 50%、70%、80%、90%、95% 丙酮脱水，每道 10～15min，100% 丙酮脱水 2 次，每次 40min.

（4）浸透：标本经 100% 丙酮彻底脱水后，入 100% 丙酮和 Epon812 混合液（1:1）浸透 2h，经纯 Epon812 包埋剂浸透 5h 或过夜。

（5）包埋与聚合：包埋的目的是让标本具有一定的硬度、弹性和韧性，以便利于切片。在洁净的包埋模具中滴加一滴包埋剂，将标本放入中央再缓慢注满包埋剂，将包埋好的标本放入烤箱中，分别经 37℃ 12h、45℃ 12h、60℃ 48h 聚合。

（6）超薄切片：超薄切片用超薄切片机完成，把标本块夹在标本夹中旋紧，固定在切片机样品臂上，玻璃刀固定在刀台上，玻璃刀水槽内注满水并调整水平面。先机械进刀粗切，后选自动超薄切片，切下的切片漂浮在水槽上用铜网收集切片，切片厚度最佳为 50～70nm（以切片与水面反射光所产生的干涉色来判断切片厚度）。

（7）电子染色：电镜观察时，切片需具有一定的反差，常用重金属盐对样品进行染色。在电镜下各种组织成分的电子透明度不同，在荧光屏上表现为各种组织成分对比不同、透明度不同，这是由于超薄切片中各种组织成分对电子的散射不同所致，为了增强这种对比，可选择重金属盐的物质加进去，提高组织成分的密度。这种染色称之为电子染色。

醋酸双氧铀可与大多数细胞成分结合，尤其易与核酸结合，不易出现沉淀。但铀盐见光易分解，应避光染色，2% 醋酸双氧铀避光染色 20～30min，用双蒸水清洗铜网，用滤纸吸干放置培养皿中。

铅盐易与蛋白质、糖类结合。因铅盐与 CO_2 反应易生成碳酸铅沉淀，在铅染色过程中防止污染至关重要。0.4% 枸橼酸铅染色 15～20min，用去 CO_2 的双蒸水清洗铜网，用 0.2mol/L 氢氧化钠分化，再清洗，自然干燥后电镜观察。

4. 大鼠肝细胞超微结构观察

肝细胞为多边形，胞核大而圆，位于细胞中央，染色质稀疏，靠近核膜处，核仁 1～2 个，部分肝细胞（约 25%）有双核。细胞质中有各种细胞器，丰富而发达，线粒体数量很多，遍布于胞质内，大小不同，多为长杆状，嵴发达。线粒体为细胞的功能活动不断提供能量；粗面内质网常呈板层状排列成群，分布于核周、血窦面及线粒体附近，并有密集的核糖体及多糖体；滑面内质网丰富，呈小泡或小管状，常见于高尔基复合体和糖原聚集处；高尔基复合体数量较多，主要分布在胆小管周围和核附近，高尔基复合体参与肝细胞的分泌活动、参与胆汁和脂蛋白的形成过程，还可见溶酶体、过氧化物体、糖原、脂滴、分泌颗粒等。

（二）扫描电子显微镜工作原理、标本制备及观察

1. 工作原理

扫描电子显微镜可以生动地显示生物样品的三维结构，适于观察样品的表面形态。

扫描电子显微镜主要由电子系统和显示系统组成，其电子枪和真空系统类似于透射电镜的相同部分，但加速电压较低。扫描电镜的成像原理和透射电镜的成像原理不同，它是利用一束直径很细的电子探针，依序逐点扫描所观察样品的表面，收集分析电子束和样品相互作用生成的二次电子信号，经放大处理并在荧光屏上成像。当电子探针依次快速扫描观察样品的表面结构时，会激发样品表面的二次电子发射出来，二次电子信号的数量与样品材质的特性和表面凹凸高低相关，扫描电镜信号检测系统与扫描过程严格同步，逐行逐点对应收集反射的二次电子，并将收集到的二次电子转化为阴极射线管的电子束。这样就可以将所扫描的生物材料的表面形态完整地在荧光屏上显示出来。扫描电镜的分辨率 $30 \sim 100A^0$。

2. 扫描电镜标本制备（以大鼠支气管为例）

（1）取材：用 10% 水合氯醛腹腔注射麻醉大鼠，解剖暴露支气管，用手术剪剪取小段支气管，纵向剖开，注意保护好被观察表面（黏膜面），用生理盐水或缓冲液彻底清洗黏膜面，暴露出最佳位置。如黏膜面黏液较多，用胰酶溶液消化，再清洗。样品体积应依据观察要求及样品托大小酌情而定。

（2）固定：清洗后的标本迅速放入 2.5% 戊二醛固定液进行固定，固定程序与透射电镜标本处理相同。

（3）脱水：标本分别经 30%、50%、70%、80%、90%、95%、100% 乙醇逐级脱水，每道 10min。

（4）置换：用醋酸异戊酯置换组织内的无水乙醇，标本经 100% 无水乙醇脱水后，入醋酸异戊酯与无水乙醇 1:1 混合液 10 ~ 20min，再经纯醋酸异戊酯置换 10 ~ 20min。

（5）干燥：标本经醋酸异戊酯置换后，入六甲基二硅氮烷干燥剂使标本干燥 1 ~ 3min。

（6）离子镀膜（镀金）：把标本用导电胶固定在样品托上，样品托插入离子溅射仪真空室样品台上，操作溅射仪，可使样品表面覆盖一层 10 ~ 15nm 厚的金属膜。溅射镀膜的基本原理是，高能粒子轰击金属靶（金、铂、钯铱合金等），金原子溅射出来落在标本表面，形成一层金膜。严格控制膜的厚度，是获得清晰、真实的二次电子表面形态成像效果的重要条件。

3. 大鼠支气管纤毛上皮扫描电镜观察

支气管纤毛上皮扫描电镜观察，细胞表面有许多纤毛，纤毛排列密集，由纤毛细胞顶端发出，在纤毛间可见有杯状细胞，在杯状细胞表面有长短不一的微绒毛。

实验十七 ▷▷▷▷
....

肿瘤细胞的软琼脂集落培养和测定

一、实验目的

初步掌握肿瘤细胞的软琼脂集落培养和测定方法，并了解药物对肿瘤细胞的诱导分化作用。

二、实验用品

1. 材料和标本

HL-60 细胞（人急性早幼粒细胞白血病细胞）。

2. 器械和仪器

超净工作台、二氧化碳培养箱、显微镜、培养瓶、吸管、酒精灯、血细胞计数板、6 孔细胞培养板（或 35mm 培养皿）、微量移液器、水浴锅。

3. 试剂

含有 15%～ 20% 小牛血清的 RPMI-1640 培养液、0.3% 台盼蓝、琼脂、二甲基亚砜（DMSO）。

三、实验内容

1. 原理

克隆化是指使单个细胞无性繁殖而获得该细胞团体的整个培养过程。克隆化的方法很多，其中就有软琼脂法。软琼脂培养（soft agar culture）是 I.Macpherson 等于 1964 年首创的培养法，这一培养法选择性地使已转化的细胞进行增殖，而抑制正常细胞的增殖。通常是将含有 0.6% 琼脂的培养基作为营养层铺在底部，然后再将含有细胞的少量软琼脂培养基（琼脂量约 0.3%）倒在上面。正常细胞仍停留在接种时的状态，几乎不进行增殖，但已转化的细胞则以半浮游状态增殖，而形成集落，形成集落的能力和对动物的还原接种所产生的形成肿瘤的能力经常是非常平行的。另外的方法是用大约 1.3% 的甲基纤维素来代替细胞层的琼脂。用保持低温的大量培养液洗涤，甲基纤维素可溶解，所以回收细胞很方便。软琼脂培养可用来确定已转化细胞的性质及对其进行定量。

软琼脂培养中由一个祖先细胞增殖形成的细胞团，称之为集落。肿瘤细胞能无限繁殖，所以具有这种能力，而成熟分化的细胞则不能形成集落。HL-60细胞是一种急性早幼粒细胞白血病细胞，在体外无须加刺激因子，可在软琼脂培养基中形成集落。二甲基亚砜是一种细胞分化诱导剂，经二甲基亚砜处理后的HL-60细胞按粒系途径定向成熟分化，同时细胞的增殖力降低，几乎全部细胞丧失了软琼脂中形成集落的能力。因此，这种方法可用于细胞分化的基础研究和临床肿瘤治疗的疗效检验等方面。

2. 操作步骤

（1）收集细胞。收集对数生长期的HL-60细胞，先用台盼蓝染色法测定细胞活力，细胞活力应大于95%。然后调整细胞浓度为$10^4 \sim 10^5$个/mL。

（2）制备琼脂。用蒸馏水分别制备出1.2%和0.6%两个浓度的琼脂液，高压灭菌后，4℃保存备用。

（3）制备底层培养基。按1:1比例使已37℃预温的1.2%琼脂和2×完全RPMI-1640培养基（含抗生素和20%的小牛血清）混合，取1.4mL混合液注入6孔细胞培养板中，室温下完全冷却凝固，可作底层琼脂。

（4）制备上层培养基。按1:1比例使已37℃预温的0.6%的琼脂和2×完全RPMI-1640培养基（同上）在小烧杯中混合，再加入细胞悬液，并将细胞浓度调至300～1000个/mL，充分混匀。应同时制备2个上层培养基，分别设置为实验组与空白组，实验组再向烧杯中加入14μL/mL终浓度的二甲基亚砜（DMSO），充分混匀，而实验组烧杯中不加DMSO。分别取1mL注入铺有0.6%底层琼脂的6孔培养板中，形成双琼脂层。

（5）上层琼脂凝固后，置入37℃ 5%CO_2培养箱中培养10～14天。每日用肉眼观察并计数细胞集落。

3. 结果

以肉眼可见的细胞团作为计数集落的标准。对照组HL-60细胞在含0.3%的软琼脂培养基中生长良好，每个孔中可见有多个集落形成（图17-1），而实验组HL-60细胞因经二甲基亚砜诱导分化，细胞在软琼脂中的集落形成明显减少。

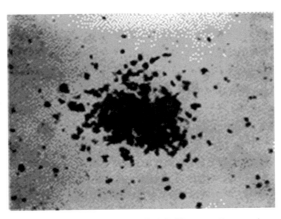

图17-1　细胞软琼脂集落生长第10天（200×）

4. 集落的计数和计算

集落数 = n 孔中细胞集落数总和 /n 孔

集落形成率 = 集落数 / 接种培养细胞总数 ×100%

细胞集落指单个细胞在体外增殖 6 代以上,其后代所组成的细胞群体。每个克隆含有 50 个以上的细胞,大小在 0.3 ~ 1.0mm。细胞接种存活率只表示接种细胞后贴壁的细胞数与接种细胞总数之比,但贴壁后的细胞不一定每个都能增殖和形成克隆。形成克隆的细胞必为贴壁和有增殖活力的细胞。集落形成率反映细胞群体依赖性和增殖能力两个重要性状。由于细胞生物学性状不同,集落形成率差别也很大,一般原代培养集落形成率低,传代细胞系高;二倍体细胞集落形成率低,转化细胞系高;正常细胞集落形成率低,肿瘤细胞系高。集落形成率与接种密度有一定关系,进行集落形成率测定时,接种细胞一定要分散成单细胞悬液,直接接种在细胞板中,持续一周,随时检查,到细胞形成克隆时终止培养。

四、注意事项

1. 琼脂对热和酸不稳定,如果反复加热容易降解,产生毒性,同时琼脂硬度下降。故琼脂高压灭菌后按一次用量进行分装。

2. 细胞悬液中,细胞分散度 > 95%。

3. 软琼脂培养时,注意琼脂与细胞混合时温度不要超过 40℃,以免烫伤细胞。

4. 接种细胞密度不宜过高。

五、作业与思考题

1. 每日记录观察的 HL-60 细胞集落数并计算集落形成率,实验结束后绘制细胞的集落形成率变化图。比较实验组与对照组细胞集落数及它们的集落形成率。

2. 软琼脂培养法底层琼脂的作用是什么?

实验十八　▷▷▷
....

培养细胞生物膜系统的光镜和电镜标本制备与观察

一、实验目的

了解相差显微镜和透射电子显微镜的原理，用相差显微镜和透射电子显微镜观察整装培养细胞中生物膜系统的结构和分布状态。

二、实验用品

1. 材料和标本

非洲绿猴肾上皮细胞（CV-1）。

2. 器材和仪器

普通光学显微镜、相差显微镜、透射电子显微镜、铜网、载玻片、盖玻片、直径5cm 培养皿、CO_2 培养箱。

3. 试剂

高锰酸钾固定液、$10\mu g/mL$ 秋水仙素、PBS 缓冲液（pH7.4）、0.5%Formvar 液。

三、实验内容

1. 原理

相差显微镜的原理是在振幅和波长不变的情况下使光程差（相位差）变为振幅差。相差显微镜适合观察活细胞或未经染色标本的结构。观察活的培养细胞结构常用倒置相差显微镜。

电子显微镜是以电子束作光源，电磁场作透镜，能观察物质极为微细的结构形态。常用的透射电子显微镜的功能主要是观察细胞内部的超微结构。用于电镜观察的生物标本需特殊制备，标本必须置于高真空中进行电镜观察。由于电子的穿透力很弱，因此要把样品做成超薄切片，但从超薄切片中又得不到生物膜系统的完整信息。用特殊的处理方法可以不经切片，在整装培养细胞中显示生物膜系统。参照宋今丹建立的电镜技术，应用专门的高锰酸钾固定液能除掉细胞内的蛋白质成分，而保留膜的脂类成分。这样，细胞骨架和细胞内可溶性蛋白质等被去除，增加了标本的透明度，同时内质网、线粒体、高尔基体、溶酶体等生物膜系统被完整保存下来。高锰酸钾固定液在固定标本过程中，能形成二氧化锰，可在细胞各种膜结构的脂类亲水端形成细微的沉淀，结果标本不需染色，即能在相差显微镜和透视电镜下清晰地显示细胞生物膜系统全貌。

2. 方法

（1）高锰酸钾固定法显示秋水仙素处理前后，CV-1 细胞生物膜系统光镜标本的制备及观察。

1）取无菌盖玻片，分别放入两个直径 5cm 的培养皿中，接种 CV-1 细胞，加 3mL 培养基。加培养皿盖，做好标记，移入 CO_2 培养箱培养 24 小时。其中一个培养皿中的细胞在终止培养前 4 小时加入 10μg/mL 秋水仙素 0.3mL。培养终止时，在倒置显微镜下观察选定长有铺展良好细胞的盖玻片，终止培养，倒掉培养液。

2）PBS 液冲洗盖玻片 2 次，清除细胞表面的培养基和杂质。

3）取出盖玻片，细胞面朝上放在载玻片上。

4）滴新配制的高锰酸钾固定液于盖玻片上，固定 10min。

5）蒸馏水轻轻地冲洗标本的细胞面 5 次，去除残留固定液。

6）取下盖玻片，用滤纸吸干多余水分，滴 1 滴 PBS 液于载玻片上，将盖玻片附有细胞一面朝下，装片。

（2）高锰酸钾固定法显示秋水仙素处理前后，CV-1 细胞生物膜系统电镜标本的制备及观察。

1）用 0.5%Formvar 液制作支持膜。将覆有 Formvar 膜的铜网经紫外线灯灭菌后，放入直径 5cm 的无菌培养皿中。加培养基 3mL。

2）接种 CV-1 细胞于铺有支持膜的铜网上，一组是不经 10μg/mL 秋水仙素处理的对照组，另一组是经 10μg/mL 秋水仙素处理的实验组，放入 CO_2 培养箱中孵育 24 小时。实验组的细胞在终止培养前 4 小时加入 10μg/mL 秋水仙素 0.3mL。培养终止时，取出铜网，用吸管滴 1 滴高锰酸钾固定液于铜网上，固定细胞 10min。经上升梯度乙醇系列脱水：30% → 50% → 70% → 85% → 90% → 95% → 100%，每次脱水 3min。待铜网晾干后，在透射电子显微镜下（75kV 电压）进行观察。

3. 观察结果

在光镜下和透射电子显微镜下，内质网呈网状铺展于整个细胞质内。细胞核周围的内质网形成较稠密三维结构，远离细胞核周围的内质网则呈松散的网状伸展至细胞边缘。在电镜下可见内质网由细管和扁囊构成。除内质网外，还可看到粗大的呈条索状的线粒体，也可观察到高尔基体和溶酶体等膜性结构。

CV-1 细胞经秋水仙素处理后，其内质网向细胞核周围聚集，细胞边缘区域不再观察到内质网。秋水仙素破坏微管结构，因此，内质网的分布可能与微管的存在密切关系。

实验十九 ▷▷▷▷

免疫荧光抗体法检查细胞表面抗原

一、实验目的

了解免疫荧光细胞化学技术的原理及其在细胞学研究中的应用，熟悉特异性免疫荧光抗体反应的方法和过程，熟悉荧光显微镜的使用。

二、实验用品

1. 材料和标本

人体结肠癌细胞、HeLa 细胞、小鼠抗人结肠癌细胞抗体（第一抗体）、荧光标记羊抗鼠抗体（第二抗体）。

2. 器材和仪器

盖玻片、载玻片、培养瓶、培养皿、微量加样器、滤纸、镊子、吸管、玻璃笔、普通倒置显微镜、荧光显微镜、恒温培养箱、冰箱。

3. 试剂

1640 培养液、小牛血清、甲醛固定液、PBS 缓冲液（pH7.4）、液体石蜡。

三、实验内容

1. 原理

免疫荧光细胞化学技术是利用抗原和抗体结合的原理，用已知的经过荧光标记的抗体检测组织与细胞中相应抗原的方法，具有高度敏感性和特异性。本实验方法为间接免疫荧光染色法，多用于活检肿瘤细胞的膜抗原定位，敏感性高、实用性强。将第一抗体与经过固定的细胞表面抗原结合，再将样品与一种荧光标记的第二抗体孵育。首先用人结肠癌细胞为免疫原，免疫小鼠，制备鼠抗人结肠癌细胞表面抗原（Ag）的单克隆抗体 IgG（第一抗体），这种抗体与肿瘤细胞表面抗原发生特异性的抗原抗体反应，形成抗原抗体复合物，然后再加入荧光标记的羊抗鼠抗体 IgG（第二抗体），可以与复合物进一步发生抗原抗体反应（二次抗体反应），结果在荧光显微镜下观察，可以看到结肠癌细胞抗原在结肠癌细胞表面的存在。

2. 方法

（1）将培养瓶中的结肠癌细胞、HeLa 细胞分别接种到装有盖玻片的 2 个培养皿中，于 CO_2 培养箱中孵育 2 ～ 3 天。HeLa 细胞作为阴性对照。

（2）在倒置显微镜下观察到盖玻片上的细胞生长状态良好后，在盖玻片左上角做一记号，以免在以后的操作中正反面颠倒。

（3）将盖玻片放在甲醛固定液中，冰箱 4℃ 固定 5 ～ 10min。

（4）用 PBS 液洗 3 次。注意不要将 PBS 液直接倒在盖玻片的细胞面，以免引起细胞大量丢失，用滤纸片将盖玻片上的 PBS 液轻轻吸干，不要损伤细胞层。

（5）将已稀释好的小鼠抗体（第一抗体）滴在盖玻片上，每张盖玻片 50μL，37℃ 湿盒内孵育 30min。

（6）用 PBS 液洗 3 次，滤纸吸干液体。

（7）将已稀释好的荧光标记羊抗鼠抗体（第二抗体）50μL 滴加在盖玻片上，37℃ 湿盒内孵育 30min。

（8）用 PBS 液洗 3 次，滤纸吸干液体。

（9）在载玻片上滴一滴液体石蜡，然后将盖玻片细胞面朝下放到载玻片上，置荧光显微镜下观察。

四、观察结果

荧光显微镜是以紫外线为光源，用以照射被检物体使之发出荧光，然后在显微镜下观察其形态及其所在位置的显微镜。细胞中有些天然物质如叶绿素，经紫外线照射后能发出荧光，这种由细胞本身存在的物质经紫外线照射后发出的荧光称自发荧光。另一些细胞内成分经紫外线照射后不发荧光，但若用荧光染料进行活体染色或对固定后的切片进行染色，则在荧光显微镜下也能观察到荧光，这种荧光称诱发荧光。荧光染料和抗体能共价结合，被标记的抗体和相应的抗原结合形成抗原抗体复合物，经激发后发射荧光，可观察了解抗原在细胞内的分布。荧光显微镜适用于研究荧光物质在组织和细胞内的分布。

在荧光显微镜下用高倍镜观察，结果显示细胞多成团块状存在，细胞膜表面显示黄绿色荧光，细胞内及背景均不发光。

五、作业与思考题

1. 实验步骤中 3 次用 PBS 缓冲液清洗的目的各是什么？

2. 为排除荧光标记的羊抗鼠抗体直接与人结肠癌细胞表面某种抗原发生反应的可能性，你认为还应设立什么样的对照组？

实验二十 ▷▷▷▷
·······················

姊妹染色单体互换（SCE）标本制备与分析

一、实验目的

掌握人外周血淋巴细胞姊妹染色单体互换标本的制备及交换频率的计算方法。

二、实验用品

1. 材料

人外周血、载玻片、30W 紫外灯、培养皿、擦镜纸。

2. 仪器

恒温水浴箱、离心机、天平、光学显微镜。

3. 试剂

200μg/mL5- 溴脱氧尿嘧啶核苷（BrdU）溶液、2× 柠檬酸钠缓冲液（SSC）、Giemsa 染液、磷酸缓冲液（pH6.8）、0.04% 秋水仙素、0.075mol/L KCl、甲醇、冰醋酸、香柏油、二甲苯。

三、实验内容

1. 原理

5- 溴脱氧尿嘧啶核苷（5-Bromodeoxyuridinc，简称 BrdU）是胸腺嘧啶核苷的类似物。人体淋巴细胞在含有 BrdU 的培养液中进行 DNA 复制时，BrdU 可专一性替代胸腺嘧啶核苷，掺入到新复制的 DNA 核苷酸链中。因此，只要通过两个复制周期，就可使姊妹染色单体中一条单体的 DNA 链中有一股链是掺入 BrdU 的，而另一条单体的 DNA 双链，两股链均掺入 BrdU。由于双股都含有 BrdU 的 DNA 分子构形有变化，使这条染色单体对某些染色剂的亲和力降低，用 Giemsa 染液染色时就可清楚看到双股都含 BrdU 的 DNA 链所组成的单体着色浅，而另一条单体着色深。因此，可以利用这一技术检查同一染色体的两条姊妹染色单体互换（SCE）的情况。现已证明，许多致突变剂和致癌物质可诱发姊妹染色单体互换和诱发染色体断裂、重排。就此而言，SCE 技术要比染色体畸变检测敏感得多。因而，检测姊妹染色单体交换频率是检查致癌和致突变剂的细胞生物学效应的一种新方法，它具有灵敏、准确、简便快速的优点。

2. 方法

（1）培养液的制备、采血、培养等操作同常规染色体的制备（见实验九）。

（2）外周血培养 24 小时加入 BrdU 溶液 0.2mL，使终浓度为每毫升培养液含 8μgBrdU，并立即用黑纸包裹培养瓶，置 37℃培养箱中继续培养 48 小时。

（3）秋水仙素处理方法同前（见实验九）。

（4）按常规方法收集细胞、固定、低渗、制片，并将标本片置 37℃培养箱中烘片 24 小时。

（5）将标本面朝上平放于染色槽中，然后加入 2×SSC 溶液，以溶液不超过标本表面为宜。然后在标本上覆盖一张比标本稍大的擦镜纸，使纸边垂到 2×SSC 溶液中，用以保持标本湿润。

（6）将染色槽置于 55℃恒温水浴箱中温育，并于标本上方用 30W 紫外灯垂直照射标本 30min，灯距标本的距离约为 10cm。照射后轻轻取掉擦镜纸，并立即用蒸馏水冲洗标本（水温为 40℃左右）。

（7）用 Giemsa 染液（原液用 pH6.8 磷酸缓冲液 1：10 配制），染色 5～10min，用自来水冲洗，空气干燥后镜检。

3. 姐妹染色单体互换的镜检分析及频率计算

在正常或异常情况下，姐妹染色单体互换的频率不同。根据上述标本染色单体色差的不同，通过计数可较准确地检测到姐妹染色单体之间的互换频率。

选取染色体分散良好，两条姐妹染色单体染成一深一浅的中期相。凡发生姐妹染色单体互换的染色体，可见在深染的染色单体上出现浅染的片段。对在染色体端部出现的互换计为一次（一个 SCE）；对在染色单体中间出现的互换计为两次（2 个 SCE）；对在着丝粒部位的互换，经判明不是两条染色单体发生扭转者，计为一次（1 个 SCE）。

计数 30 个中期分裂相的 SCE 后，计算 SCE 的频率。

$$SCE\ 频率 = n\ 个中期相\ SCE\ 之和\ /n\ 个细胞$$

中国人正常 SCE 频率为 5.7±0.4。

实验二十一 ▷▷▷▷
....

银染核仁形成区的光镜和电镜标本制备及观察

一、实验目的

了解银染显示核仁形成区的原理和方法，加深理解细胞在不同时相中银染核仁形成区的显微和亚显微形态特征。掌握人类染色体核仁形成区的银染技术。

二、实验用品

1. 材料和标本

人外周血淋巴细胞核型标本、HL-60 细胞、HeLa 细胞。

2. 器材和仪器

显微镜、电子显微镜、超薄切片机、水浴箱、离心机、天平、染色缸、平皿、乳头吸管、离心管、擦镜纸。

3. 试剂

Carnoy 固定液（用时现配）、5N HCl、0.1％甲酸、1％甲酸、50％AgNO$_3$（用时现配）、2％蛋白胶、5％硫代硫酸钠、2.5％戊二醛、30％～ 100％梯度乙醇和丙酮、Epon-812 包埋剂、醋酸铀和柠檬酸铅染液、蒸馏水。

三、实验内容

1. 原理

成熟核糖体大小亚基中的 28S rRN、18S rRNA 和 5.8S rRNA 是由处在核仁中的 RNA 基因（rDNA）转录合成后加工而成。当细胞进入分裂期时，28S+18S rRNA 基因所在的 DNA 分子参与组装人类的 5 对近端着丝粒染色体（13、14、15、21、22 号）的着丝粒区。当细胞处于间期时，位于这些部位的 rRNA 基因参与核仁的形成，故将染色体上与核仁形成有关的节段称为核仁形成区（NOR）。由于具转录活性或已转录过的 rRNA 基因往往伴有丰富的酸性蛋白质，而且这类蛋白质含有 -SH 基团和二硫键，易将硝酸银中的 Ag$^+$ 还原成 Ag 颗粒，故有活性的核仁形成区常被硝酸银镀上银颗粒而呈现黑色。无转录活性的 NOR 则不被着色。利用硝酸银（AgNO$_3$）可将具转录活性的核仁形成区（rRNA 基因）特异性地染成黑色，人们将这种银染阳性的核仁形成区称为银染核仁形成区（Silver-Staining nucleolar organizer region，Ag-NOR），它是具有转录活性的 18S rRNA 和 28S rRNA 基因所在的部位。生化和免疫化学研究证明银染蛋白是 RNA 聚合酶Ⅰ，其功能是催化 rDNA 转录 rRNA 形成核仁，因此通过这种反应能够特异显示 rRNA 转录的活性。

由于银染核仁形成区方法简便、特异性强，目前在遗传、肿瘤、药物毒理及预防医学等细胞生物学研究中，均有广泛应用。特别是电镜银染活性核仁形成区技术，可以在同一个细胞中显示银染蛋白、活性 rDNA 和 rRNA 三者间关系，并在亚细胞水平进行分析。

2. 方法

（1）中期染色体核仁形成区的银染和观察

1）取制备好的正常或肿瘤细胞染色体标本，直接放入装有 5N HCl 溶液中，常温处理 5 分钟。

2）用自来水反复冲洗几次，甩干，标本面朝上平放在平皿中。

3）将 0.1% 甲酸临用前配制的 50% AgNO$_3$，溶液约 0.5mL，用吸管滴在标本上，再盖上两片擦镜纸。

4）放置平皿于 56℃水浴中处理 3 ～ 5min，待擦镜纸呈棕色后，取出标本用水冲洗、气干。

5）镜检。镜下所见标本背景浅黄色，核型深染，端着丝粒染色体的银染蛋白存在的部位呈棕黑色颗粒，选择染色体分散良好、银染颗粒清楚的分裂相，进行计数单侧或双侧有银染颗粒的染色体数。

人体细胞银染颗粒有遗传稳定性，一般正常值为 4 ～ 8 个 / 核型。

计算方法

NOR 均值 =N 个核型中含 NOR 染色体数的和 /N 个核型

（2）间期细胞核活性核仁形成区的银染与观察

1）收集培养的 HL-60 细胞和用 PHA 转化的人正常外周血淋巴细胞分别于离心管中，用 1000rpm 离心 5min 后弃上清。

2）用吸管吸打或用指弹法使细胞悬浮，然后用 Carnoy 固定液固定 30min。

3）以 1000rpm 离心 5 分钟，弃上清剩 0.5 ～ 1mL 液体，使细胞悬浮后滴片。

4）37℃干燥 24 小时。

5）银染（程序同前）。

6）镜检。镜下所见，细胞核着色而细胞质不着色，核中活性核仁形成区银染颗粒呈棕黑色，成簇聚集，清晰可分。肿瘤细胞中与正常细胞中的银染颗粒数量、可见有明显差异。

（3）间期细胞核银染活性核仁形成区电镜标本制备与观察

1）收集培养的 HL-60 细胞或 HeLa 细胞于离心管中，随后加入 2.5% 戊二醛 1mL 预固定 10min。

2）以 1000rpm 离心 10min，弃上清后加入 Carnoy 固定液固定 5min。

3）接着以 2500rpm 离心 l0min，弃净上清并用吸水纸吸干残余液体，用耳勺取出细胞团块放于小平皿中。

4）100％乙醇→双蒸水梯度复水，每步 5 分钟。

5）将细胞团切成约 1mm³ 大小的块。

6）将 50％ AgNO₃（用蒸馏水配制）–2％蛋白胶（用 1％甲酸配制）2∶1 混合液 2 ～ 3mL，加入有细胞团块的小平皿中。

7）移置平皿于 56℃水浴中处理 20min。

8）彻底水洗 3 次，每次 2 ～ 3min。

9）水洗后 5％硫代硫酸钠室温处理 l0min。

10）再水洗 3 次，转入乙醇 – 丙酮梯度脱水，每步 5min。

11）Epon–812 包埋。

12）超薄切片直接或再经醋酸铀和柠檬酸铅复染后，在电镜下观察。

镜下所见，经醋酸铀和柠檬酸铅复染的标本，细胞核中电子密度大的是核仁纤维中心（Fibrillar Centre，FC）和致密纤维成分（Dense fibrillar component，DFC），它们是银染蛋白和正在转录的 rRNA 基因存在的部位；周围电子密度均匀、着色浅的为 rRNA 前体和核糖体大、小亚单位存在的颗粒成分（Granular component，GC）（图 21–1）。

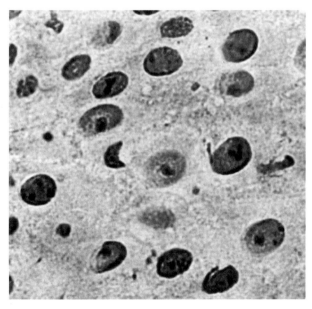

图 21-1　银染显示口腔鳞状细胞癌中多个不同大小 NORs/ 核（1000×）

超薄切片不经醋酸铀和柠檬酸铅复染，直接在透射电镜下观察，显示银染蛋白颗粒只存在于 FC 和 DFC 中，在周围 GC 中很少存在。

实验二十二 ▷▷▷▷
· · · · · · · · · · · · · · ·

染色体扫描电镜标本制备及观察

一、实验目的

了解扫描电镜观察染色体的方法及标本制备过程。

二、实验用品

1. 材料和标本

光镜下观察过的染色体标本片。

2. 器材和仪器

S-450 扫描电镜、IB-3 离子镀膜机。

3. 试剂

2.5%戊二醛、0.1mol/L（pH7.4）PBS、1%锇酸、2%单宁酸、30%乙醇溶液、50%乙醇溶液、70%乙醇溶液、80%乙醇溶液、90%乙醇溶液、100%乙醇溶液。

三、实验内容

1. 原理

扫描电镜用于观察标本的表面形态。用戊二醛和锇酸处理的染色体标本，经单宁酸（或硫卡巴肼）还原可获得较好的导电染色效果。在扫描电镜下可观察到染色体的三维结构，也可用于常规染色体核型、G 带染色体核型、高分辨染色体核型的分析及染色体结构异常识别，以弥补光镜的许多不足。在扫描电镜下还可清楚地观察到肿瘤细胞癌基因扩增结构——双微体。因而此方法广泛用于细胞生物学和遗传学的许多研究。

2. 染色体标本制备方法

（1）常规染色体标本制备。

（2）取一张在光镜下观察过的染色体标本片，选择分散良好的分裂相，并在背面做出标记，以便电镜观察时易于寻找。

（3）3:1 甲醇–冰乙酸脱色，用磷酸缓冲液洗 3 次。

（4）2.5%戊二醛固定 30min。

（5）0.1mol/L（pH7.4）PBS 漂洗 3 次。

（6）1%锇酸固定 5min。

（7）蒸馏水洗 3 次。

（8）2%单宁酸处理 5min。

（9）蒸馏水洗 3 次。

（10）1%锇酸处理 10min。

（11）水洗 3 次。

（12）30%→100%乙醇逐级脱水，每级 5 分钟。

（13）临界点干燥（也可用空气干燥）。

（14）在标本片标记的核型所在处用玻璃切下约 5mm×5mm，用导电胶固定在标本台上。

（15）离子镀膜（也可不镀膜直接观察）。

（16）扫描电镜观察、照相。

3. 染色体形态观察

低倍观察可见染色体的不同分裂相，在分散较好的分裂相中，染色体呈三维立体形态。

高倍观察染色体呈长短不等的圆柱状，两条单体由着丝粒相连，其表面凹凸不平，沿纵轴有许多环形沟把染色体分成许多节段，并可见染色体表面由许多细纤维构成。

实验二十三 ▷▷▷▷
....

细胞转染外源基因

一、实验目的

了解细胞转染技术的原理和基本方法；掌握外源基因转染的基本技术要点。

二、实验用品

1. 材料和标本

呈指数生长的真核细胞，如 HEK293、HeLa、CHO、HepG2 细胞。

2. 器材和仪器

培养瓶、吸管、试管（灭菌后备用）、酒精灯、超净工作台、二氧化碳培养箱、倒置显微镜。

3. 试剂

完全培养液（依所用的细胞系而定）、纯化的质粒 DNA、0.25％胰蛋白酶 –0.02％ EDTA 混合消化液、脂质体、溶液 I（2.5M $CaCl_2$）、溶液 II（0.28M NaCl，0.05M HEPES，1.5mM Na_2HPO_4，pH7.05）、75％酒精。

三、实验内容

1. 磷酸钙沉淀法

（1）原理：磷酸钙沉淀法是基于磷酸钙 –DNA 复合物将 DNA 导入真核细胞的转染方法，磷酸钙被认为有利于促进外源 DNA 与靶细胞表面的结合。磷酸钙 –DNA 复合物黏附到细胞膜并通过胞饮作用进入靶细胞，被转染的 DNA 可以整合到靶细胞的染色体中从而产生有不同基因型和表型的稳定克隆。此方法首先由 Graham 和 Vander Ebb 使用，后由 Wigler 修改而成，可广泛用于转染许多不同类型的细胞，不但适用于短暂表达，也可生成稳定的转化产物。

（2）操作

1）传代细胞准备。转染前 48h，将细胞（$3×10^6 \sim 5×10^6$ 个）接种于直径为 100mm 的培养皿中。转染前 4h，弃去培养液，进饲 10mL 新鲜完全培养液。

2）DNA 沉淀液的准备。将纯化的质粒 DNA10μg 用无菌水稀释至 450μL，和 50μL

溶液Ⅰ混合于1号管。

3）用吸管将溶液Ⅱ逐滴加入1号管，同时用另一吸管轻轻吹泡混匀，直至溶液Ⅱ滴完。整个过程需缓慢进行，至少需持续1～2min。

4）室温静置20min，出现细小颗粒沉淀。

5）将沉淀逐滴均匀加入直径为100mm的培养平皿中，轻轻晃动混匀。

6）在标准生长条件下培养细胞8h。除去培养液，加入10mL新鲜完全培养液培养细胞。

7）收集细胞或分入培养皿中选择培养。

2. 脂质体介导DNA转染法

（1）原理：脂质体也称人工细胞膜，在生物、医学等领域具有非常广泛的应用。脂质体作为细胞转染外源基因的媒介具有很多优点：操作简便，转化效率高，可用于瞬时转染，也可以用在永久表达系的建立，对细胞类型的运用面广，对转染的核酸类型和分子量有很高的包容性，细胞毒性小，也可用于体内的基因转染。

阳离子脂质体表面带正电荷，能与核酸的磷酸根通过静电作用将DNA分子包裹入内，形成DNA-脂质体复合体，也能被表面带负电荷的细胞膜吸附，再通过融合或细胞内吞进入溶酶体。内吞后的DNA-脂质体复合体在细胞内形成的包涵体在DOPE作用下，细胞膜上的阴离子脂质因膜的不稳定而失去原有的平衡，扩散进入复合体，与阳离子脂质中的阳离子形成中性离子对，使原来与脂质体结合的DNA游离出来，进入细胞质，进而通过核孔进入细胞核，最终进行转录并表达。

（2）操作

1）细胞培养：取6孔培养板（或用直径35mm培养皿），向每孔中加入2mL含（1～2）×10^5个细胞的培养液，37℃ 5% CO_2培养至60%～80%丰度。

2）转染液制备：在EP管中制备以下两液（为转染每一个孔细胞所用的量），A液：用不含血清培养基稀释1～2μgDNA，终量100μL；B液：脂质体2μL。轻轻混合A、B液，室温中置10～15min。

3）转染准备：用2mL不含血清培养液漂洗2次，再加入1mL不含血清培养液。

4）转染：把A、B混合物缓缓加入培养液中，摇匀，37℃ CO_2培养箱置4h，吸除无血清转染液，换入正常培养液继续培养。

5）其余处理如观察、筛选、检测等与其他转染法相同。

3. 注意事项

（1）在整个转染过程中都应无菌操作。

（2）为获得最佳实验结果，DNA应不含蛋白质和酚。乙醇沉淀后的DNA应保持无菌，并在无菌水或Tris EDTA中溶解。

（3）沉淀物的大小和质量对磷酸钙转染的成功至关重要。在磷酸盐溶液中加入DNA-$CaCl_2$溶液时需用空气吹打，以确保形成尽可能细小的沉淀物，因为成团的DNA不能有效地黏附和进入细胞。

（4）在实验中使用的每种试剂都必须小心校准，保证质量，因为偏离最优条件1/10

个 pH 都可能导致磷酸钙转染的失败。

（5）脂质体法转染时切勿加血清，血清对转染效率有很大影响。

四、思考题

1. 如何选择不同的转染方法？
2. 影响转染效率的因素有哪些？

实验二十四 ▷▷▷▷

小鼠骨髓细胞染色体标本的制备与观察

染色体（chromosome）是真核细胞在分裂时期出现的棒状小体，易被碱性染料着色，故名。染色体是由间期细胞核中的染色质（chromatin）通过螺旋化和折叠后转变而成，其化学成分与染色质相同，都含有 DNA 和多种蛋白质。染色质和染色体是同一物质在细胞分裂间期和分裂期的不同形态。染色质纤维平时分散分布在细胞核中，当细胞分裂时，染色质便转变成一定数目和一定形态的染色体，待分裂结束后，染色体又解旋成为疏松的染色质纤维。细胞生物学家发现，不同种类的真核生物，细胞中染色体的数目、大小和形态都不相同，所以，染色体的组合是每种生物重要的细胞学特征。染色体是生物体的遗传物质在细胞分裂期的表现形式；控制机体性状的众多基因就分布在染色体上，故染色体是细胞生物学研究的重要对象，已形成了专门研究染色体与生物遗传效应之间关系的分支学科——细胞遗传学（cytogenetics）。

在细胞分裂过程中，细胞核中的染色质纤维是通过螺旋化逐渐缩短变粗形成染色体的，到分裂中期，染色体变得最为粗短，形态最为典型（图 24-1），是观察研究染色体结构与数目的最佳时期。所以，一般所说的染色体如果不加强调，指的都是中期的染色体。本实验便是制备小鼠体细胞分裂中期的染色体标本并观察中期染色体的形态特征。

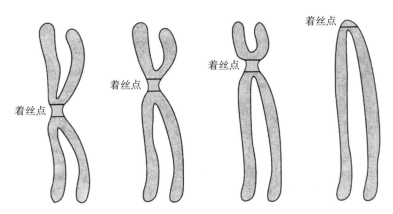

图 24-1　分裂中期染色体的基本形态模式图（四种类型）

制备小鼠骨髓细胞的经典方法是用生理盐水冲洗小鼠股骨的骨髓腔并将含有细胞的冲

洗液收集到 10mL 的玻璃离心管中，然后进行后续的低渗与固定处理。固定液一般使用甲醇（有毒）与冰乙酸的 3∶1 混合液，且用量较大，固定一次细胞需要 5～8mL，实验产生的含甲醇废液较多，易造成环境污染。小鼠的骨髓细胞相对较少，而 10mL 的离心管的容积较大，操作起来不够精细，容易造成细胞的损失。为了践行环保和绿色实验的理念，减少有毒试剂对环境的影响，湖北中医药大学基础医学院医学生物学教研室在 2010 年对经典方法进行了改进，建立了基于 1.5mL 微量离心管（eppendorf 管，EP 管）的小鼠染色体标本制备方法，主要采用一次性小型塑料器材。新方法具有 3 个方面的优点：第一，大幅度减少了固定液的使用量；第二，用乙醇代替甲醇配制固定液，完全避免了甲醇的排放；第三，微量离心管的使用使得整个实验操作更加精细，减少了骨髓细胞的丢失。

一、目的要求

1. 掌握小鼠骨髓细胞染色体标本的制备方法。
2. 熟悉小鼠体细胞染色体的形态与数目。

二、实验原理

以小鼠的骨髓细胞为材料制备染色体标本需要经过秋水仙素处理、收集细胞、低渗处理细胞、固定细胞、滴片和染色等主要环节。

秋水仙素处理骨髓细胞是制备分裂中期染色体标本的第一步。秋水仙素（colchicine）是从百合科植物秋水仙中提取的一种生物碱，呈黄色针状结晶，味苦，有毒，能破坏正在进行有丝分裂细胞的纺锤体微管，阻止分裂的完成，使分裂细胞停滞在中期，骨髓经秋水仙素处理后可以累积较多处于分裂中期的细胞。

低渗处理是将收集到的骨髓细胞置于低渗溶液中一段时间后，细胞会吸水膨胀，使染色体分散开来，再经过固定后制片，就可以获得分裂相中染色体彼此分散良好的标本。

固定是利用固定液作用于细胞一段时间，使细胞的生命活动停止，各种酶和蛋白质的活性丧失，阻止染色体结构的降解，使染色体保持在接近细胞存活时的状态。固定液中的冰乙酸渗透力较强，固定细胞迅速，但容易造成染色体结构膨胀，而乙醇除了固定作用以外，还具有使染色体收缩的功能，因此，两种试剂搭配可抵消各自的缺点，对染色体产生良好的固定效果。

滴片是染色体制备过程的一项重要操作，是将室温状态细胞悬液滴到冰湿的载玻片上。该操作可促进细胞破裂，染色体分散开并黏附在玻片上。

染色是染色体标本制备的最后一个环节，吉姆萨（Giemsa）染料是最常用的染色剂。该染料是由天青、伊红、次甲蓝等多种染料组合而成的复合染料，对细胞核与染色体具有良好的着色性，在 pH6.8 的条件下，可使染色体或细胞核染成较鲜艳的紫红色。

三、器材和试剂

1. 器材

光学显微镜、低速离心机、恒温水浴锅、EP 管（1.5mL）、EP 管架、塑料试管（用作 EP 管的套管）、塑料吸管（图 24-2）、有孔的泡沫板、小剪刀、小弯镊、小直镊、2mL 注射器、载玻片（冰水浸泡）、染色架或染色缸。

2. 材料

20g 左右的昆明种小鼠。

3. 试剂

0.1% 秋水仙素溶液、生理盐水（0.9%）、0.075mol/L KCl 溶液、无水乙醇、冰乙酸、0.01mol/L 磷酸盐缓冲液、Giemsa 染液。

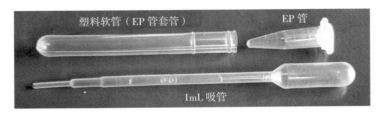

图 24-2　微量离心管法染色体制备所需部分器材（徐云丹摄影）

四、方法与步骤

1. 秋水仙素处理

实验前 4 小时，按每克体重 5μg 的剂量向小鼠腹腔内注射浓度为 0.1% 秋水仙素溶液。此步骤由实验老师在课前完成。

2. 处死小鼠

两个同学一组取小鼠一只，用颈椎脱臼法处死。

3. 剥离股骨

左手持小弯镊拈起小鼠腹壁皮肤，右手持小剪刀将腹部皮肤剪开，用手褪去后肢上的皮肤，暴露两条后腿（图 24-3）；取出小鼠的两根股骨，此时注意分辨股骨和胫骨，确定膝关节和髋关节的位置，然后在髋关节处（股骨大转子）剪开肌肉，使整个后肢与躯体分离；剪去大腿上的大块肌肉，在膝关节处断离，分离出完整股骨，然后再用卫生纸轻轻擦去残留的肌肉（图 24-4）；以同样的方法取出另一股骨。

图 24-3　小鼠后肢皮肤剥离示意图（徐云丹摄影）

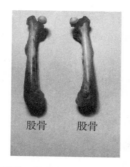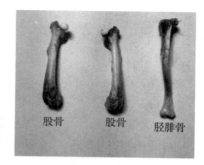

图 24-4　小鼠后肢、股骨及股骨与胫骨的对比（徐云丹摄影）

4. 收集骨髓细胞

用小剪刀剪开股骨两端，用注射器针尖贯通一下看是否已充分暴露骨髓腔，用小直镊夹住股骨中部，使股骨垂直且下端对准置于 EP 管架（图 24-5）上的 1.5m LEP 管的管口，将预先吸取了 1.5mL 生理盐水或低渗液（0.075mol/L KCl）的注射器针尖插入骨髓腔，将腔内的骨髓细胞冲洗至 EP 管中，再将股骨颠倒 180°继续冲洗，当 EP 管内细胞悬液体积达到 1.5mL 后如果股骨内细胞还未冲干净，则从 EP 管中吸取液体继续冲洗，反复冲洗收集细胞直至股骨发白、收集液变浑浊为止，两根股骨的细胞收集到一个EP 管中。如果用低渗液替代生理盐水兼作细胞收集液，可以节省实验的时间。注意：用低渗液冲洗骨髓细胞的时候低渗过程就开始了，所以冲洗的时间也要计入低渗时间。

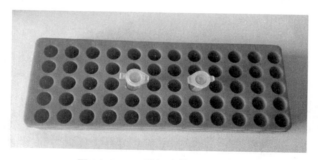

图 24-5　EP 管架（徐云丹摄影）

5. 低渗处理

将收集好细胞的 EP 管盖上盖子，插到有孔的泡沫板上，置 37℃恒温水浴锅中低渗15min 左右（图 24-6）。

图 24-6　小型数显恒温水浴锅（徐云丹摄影）

6. 离心

　　将 EP 管套上塑料试管，以两两对称的方式（如果只有一个 EP 管需要离心，则另取一个空管装入等体积的水）放入低速离心机（图 24-7），以 1500rpm 离心 5min，使细胞沉降至管底；取出 EP 管，观察一下细胞沉淀的分布情况，弃去上清液。去上清时可倾斜 EP 管将上清直接倒入废液缸，然后保持 EP 管的倾斜状态在卫生纸上靠一下，吸去残留的液体，留下细胞沉淀。

图 24-7　离心机、套在软管上的 EP 管、对称放入离心机的 EP 管和离心后的细胞沉淀（徐云丹摄影）

7. 固定处理

　　用手指轻弹 EP 管管底，使细胞沉淀分散开，加入 1～1.5mL 固定液（现配现用），用吸管轻轻吹打混匀，室温下或置 37℃ 恒温水浴锅中固定 10～20min。

8. 再次离心

　　再次将 EP 管套上塑料试管两两对称放入离心机离心，1500rpm，离心 5min，使细胞沉降至管底，弃上清。

9. 制备细胞悬液

用手轻弹管底使细胞散开，根据沉淀量的多少加 2 ～ 3 滴固定液，轻轻混匀，制备成细胞悬液。

10. 滴片

吸取约一半的细胞悬液滴于冰湿的载玻片的中间偏左区域（2/3 处），并对玻片上的悬液吹一口长气让细胞沿玻片的右边充分铺展开，用手握紧玻片甩掉多余液体，再用卫生纸擦干玻片背面的水分（注意不要擦有细胞的一面），然后将玻片在空气中快速挥动，使其干燥，并在玻片上有细胞的一面左端处贴上标签，写上实验者的名字。

11. 染色

将干燥后的玻片平放在染色架上，吸取 1 ～ 2mLGiemsa 工作液（现配现用），滴到玻片上标签一侧有细胞的区域，并用吸管末端平行于玻片将染液轻轻抹开，让细胞被均匀染色 3 ～ 5min，然后在自来水下用细水轻轻冲去染液，甩去水分，并在空气中快速挥动干燥。

12. 镜下观察

将制备好的小鼠骨髓细胞染色体标本放置在显微镜的载物台上夹好，先在低倍镜下观察骨髓细胞的分布情况，找到染色体分散良好的分裂相，转换高倍镜或油镜，仔细观察小鼠染色体的形态特点，并计数小鼠染色体的数目（2n=40）（图 24-8）。

13. 显微摄影

利用徒手显微摄影方法用数码相机或拍照手机在目镜上拍照记录所观察到的小鼠骨髓细胞典型的分裂相。

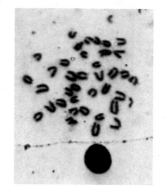

图 24-8　小鼠染色体的显微照片（1000×）与核型分析图

五、试剂配制

1.0.1% 秋水仙素

称取秋水仙素 100mg，加蒸馏水至 100mL，搅拌溶解，4℃避光保存。

2.0.075mol/L（0.56%）KCl 溶液

称取 KCl 5.6g 加蒸馏水至 1000mL，搅拌溶解。

3.Carnoy 固定液

现配现用，根据需要的总体积量取无水乙醇 3 份、冰乙酸 1 份（3∶1）置于试剂瓶混匀备用，盖好盖子，以免冰乙酸挥发刺激人呼吸道黏膜引发不适。

4.0.07mol/L 磷酸盐缓冲液（PBS）（pH6.8）

分别称取 $Na_2HPO_4 \cdot 12H_2O$ 粉剂 11.8g（或 $Na_2HPO_4 \cdot 2H_2O$ 5.9g）和 KH_2PO_4 粉剂先后溶解到 800mL 蒸馏水中，定容至 1000mL。

5.Giemsa 染液

（1）贮备液：准备 Giemsa 粉 1g、丙三醇（甘油）66mL、甲醇 66mL。先将 Giemsa 粉末置于研钵中，从 66mL 中取少量甘油加入研钵，充分研磨至无颗粒的糊状，再将余下的大部分甘油加入混匀，用塑料膜将研钵封口后放入 60℃温箱中保温 2h，使 Giemsa 染料彻底溶解。然后加入 66mL 甲醇，充分搅拌混匀，即成 Giemsa 染液的原液，装入棕色瓶保存。配好的原液一般静置 2 周以上再使用效果较好，原液可以长期保存，必要时可用粗滤纸对原液进行过滤后使用。

（2）工作液：临用时，取贮备液 1 份与 PBS（0.07mol/L）（pH6.8）10 份进行混合，即成 Giemsa 工作液。Giemsa 工作液应现配现用，放置 5 个小时后染色效果变差。

六、注意事项

1. 小鼠股骨较脆，剥离时要小心，以免造成小鼠骨折，影响细胞收集。

2. 弃上清时如果直接倾倒，应一次倒完，不要反复回倒，以免液体回流冲散细胞沉淀。

3. 固定液配完后及时清洗量筒，每次取用固定液后及时盖上盖子。

4. 载玻片在滴片时再取出，从冰水中取出玻片后应立即滴片，不要过早取出以免影响制片效果。

七、作业与思考

1. 绘制小鼠骨髓细胞的一个分裂相，展示小鼠染色体的基本形态。

2. 制备小鼠染色体标本时，秋水仙素、氯化钾、无水乙醇和冰乙酸的作用分别是什么？

3. 在滴片之前细胞膜破裂了吗？哪些步骤对染色体标本的质量有较大影响？

4. 细胞的低渗处理不够或过度将会分别出现什么问题？